Clemens Finkelstein, Claudia Hartl, Mathias Kessler

Planetary Forest

DISTANZ

Inhaltsverzeichnis
Contents

Steffen Maar

(Bürgermeister/Mayor — Rosbach vor der Höhe)

Planetary Forest beleuchtet die Problematik von Klimawandel, Dürreperioden und zunehmender Schädlingsanfälligkeit von Bäumen und dokumentiert, wie aus Bodenstreu und Totholz von einer Störungsfläche im Rosbacher Wald im Botanischen Garten Gießen neues Leben entsteht.

°

Planetary Forest highlights the issues of climate change, drought, and increased susceptibility of trees to pests and documents how new life emerges in the Botanical Garden Giessen from the soil litter and dead wood taken from a disturbance area in the Rosbach Forest.

Dr. Bente Castro Campos

(Wissenschaftliche Mitarbeiterin/Senior Researcher — Agricultural, Food and Environmental Policy, JLU Gießen)

Planetary Forest hat meine Lehre und mein persönliches Engagement maßgeblich beeinflusst, indem es eine tiefe Auseinandersetzung mit den dauerhaften Auswirkungen auf das vernetzte Leben auf unserem Planeten gefördert und zum Handeln für eine nachhaltige Zukunft inspiriert hat.

°

Planetary Forest has profoundly influenced my teaching and personal engagement, fostering a deep exploration of its enduring impact on the interconnectedness of life on our planet and inspiring actions toward a sustainable future.

Dirk Zschocke

(Vorsitzender/President — Neuer Kunstverein Gießen)

Planetary Forest verwandelt wissenschaftliche Erkenntnisse zum Klimawandel und seine Auswirkungen in eine direkte sinnliche Erfahrung und bringt die nur scheinbar fernab im Wald verborgenen Zeichen weitreichender Veränderungen unserer Umwelt ins Zentrum städtischen Lebens.

°

Planetary Forest transforms scientific knowledge of climate change and its effects into a direct sensory experience, bringing the signs of far-reaching changes in our environment, only seemingly hidden far away in the forest, into the centre of urban life.

Einleitung

Liza B. Bauer, Clemens Finkelstein, Frederic Hanusch, Claudia Hartl, Mathias Kessler, Claus Leggewie

Wälder — ob virtuell oder real, Wirtschaftsgut oder kulturelles Erbe, ob sie im Amazonas brennen oder in den Fluten des Mississippi ertrinken, unter biologischen Schädlingen leiden oder aufgrund des Klimawandels austrocknen — sind in jüngster Zeit wieder zu einem „heißen Thema" in der globalen Kulturproduktion geworden. Während Förster:innen über die Zusammensetzung des zukünftigen Waldes rätseln, um die lebenswichtigen Funktionen der planetaren Ökosysteme zu erhalten, denken Architekt:innen darüber nach, wie sie den Wald als materielle Ressource für die Zukunft des Massenholzes gestalten können (Wikstrom 2023). Künstler:innen schlagen selbstverwaltete Wälder wie *terra0* vor, deren Blockchain-Technologie „intelligente Verträge ausstellen und Lizenzen zum Abholzen ihrer Bäume verkaufen" würde (Seidler/Kolling/Hampshire 2016, 1). Romane wie *The Overstory* (Powers 2018) stellen die unverhältnismäßige Lebenszeit von Menschen und Bäumen dem Kampf von Umweltaktivist:innen gegenüber, die darum ringen, von der Gesellschaft gehört zu werden. Einst im Zentrum des Nachhaltigkeitskonzepts von Hans Carl von Carlowitz in *Sylvicultura Oeconomica* (Carlowitz 1713) stehend, sah Karl Marx später die sich verändernden Eigentumsverhältnisse der preußischen Wälder im 19. Jahrhundert als juristische und ökologische Torheit, in der das Recht der Bäume dem Recht der Menschen weicht (Marx 1842). Im Gegensatz zur westlichen Ausbeutung leben die Tlingit- und Haida-Völker Alaskas, die indigenen Verwalter der dichten immergrünen Wälder an der Pazifikküste, in Harmonie mit den holzigen Gebilden und kommunizieren offen mit den Bäumen, um ihnen für ihre natürlichen Geschenke zu danken. Wälder, die in der kulturellen Vorstellungswelt seit dem Neolithikum allgegenwärtig sind, werden so zunehmend als Metaphern für den rasanten technischen Fortschritt und als ökologisches Warnzeichen für die Klimaänderungen eingesetzt. Während die Menschen darum ringen, ihre wesentliche Verbindung zur Natur neu zu gestalten und zu bewahren, dienen Wälder als Modelle für gesellschaftliches Wachstum und ökologisches Gedächtnis, die die Verstrickung des Menschen mit dem Planeten in den Vordergrund stellen. Wälder dienen somit als sensible Indikatoren für unsere grundlegende Beziehung zur Welt.

„Planetary Forest: Bringt den Wald in den Garten" ist ein gemeinschaftliches Projekt, das an der Schnittstelle zwischen dem wachsenden Feld der Waldkunst und der wissenschaftlichen Beschäftigung mit Waldökosystemen durch Förster:innen, Dendrochronolog:innen und andere Naturwissenschaftler:innen angesiedelt ist. Das Projekt befasst sich mit den zahlreichen ökologischen Herausforderungen, die in den letzten Jahren zu einem Rückgang der Wälder in Europa geführt haben. Dazu gehören wirtschaftliche Entscheidungen zur Aufstockung der Wälder mit nicht heimischen, aber profitableren (mehr Biomasse produzierenden) Baumarten bereits in früheren Jahrhunderten, die zunehmende Häufigkeit und Intensität von Dürreereignissen im Zuge des Klimawandels und die daraus resultierende Anfälligkeit der Baumarten gegenüber biologischen Schädlingen wie Insektenbefall oder Pilzen und extremen Wetterereignissen und Waldbränden. In ganz Deutschland ist ein weit verbreitetes Baumsterben zu beobachten, so auch in einem Stadtwald im Naturpark Hochtaunus vor den Toren der Wirtschaftsmetropole Frankfurt am Main, der vielfältigen ökologischen Herausforderungen ausgesetzt ist und dementsprechend mehrere sogenannte Störungsflächen aufweist. Ein gerodeter Teil des Waldes, in dem sich früher ein Fichtenbestand befand, der in jüngster Zeit durch Borkenkäferbefall abgetötet wurde, sollte als Materialquelle für den Bau der Skulptur „Planetary Forest" dienen. In enger Zusammenarbeit mit der Hessischen Landesforstverwaltung, der Gemeinde Rosbach vor der Höhe, dem Botanischen Garten Gießen, dem Neuen Kunstverein Gießen und mit tatkräftiger Unterstützung des Panel on Planetary Thinking der Justus-Liebig-Universität Gießen entstand „Planetary Forest" in bisher 4 Phasen, die in dieser Publikation unter dem Begriff „Forest Walk" zusammengefasst sind.

Die Bewegung durch den Wald, die Gemeinschaft mit dem Wald und die (Wieder-)Entdeckung des Waldes, die in diesen Waldspaziergängen verwoben sind, spiegeln den (buchstäblich) wachsenden Charakter des Projekts wider. **Forest Walk 1** erinnert an die erste Begegnung von Claus Leggewie, dem Direktor des Panel on Planetary Thinking, mit der Störungsfläche im Stadtwald von Rosbach v.d.H. und die darauffolgende Entscheidung, ein künstlerisches, wissenschaftliches und politisches Projekt zu konstruieren, das das vom Baumsterben betroffene Gebiet aufgreift und seine Auswirkungen in planetarer Hinsicht durchdenkt. **Forest Walk 2** entwickelte die ursprünglichen Umstände des Naturspaziergangs weiter und brachte eine Gruppe von Menschen, die einem öffentlichen Aufruf zur Teilnahme folgten, in den Wald zu einem pädagogischen Rundgang, der historische und wissenschaftliche Erzählungen über die Waldlandschaft miteinander verwob. Auf kleinstem Raum führte die Performance durch die zerstörerische Geschichte menschlicher Aktivitäten, von den Ruinen eines alten römischen Kastells bis zu den Munitionsdeponien der Gegenwart, von den tiefen Wunden des Tagebaus bis zu den abgestorbenen Waldgebieten. Der Rundgang führte schließlich zu einer Störungsfläche im Stadtwald, wo mit Unterstützung und Genehmigung der örtlichen Forstverwaltung und des Bürgermeisters gemeinschaftlich Proben von Totholz, Erde, Moos und anderem organischen und anorganischen Material gesammelt wurden. **Forest Walk 3** greift auf, wie dieses Material per Lastkraftwagen in den Botanischen Garten der Stadt Gießen transportiert wurde, wo auf einer freistehenden Rasenfläche neben den neu errichteten Gewächshäusern ein Modell des Störungsgebietes als lebende Skulptur rekonstruiert wurde. Schließlich wurde die Skulptur eingezäunt, um sie vor menschlichen Eingriffen zu schützen, und bleibt für alle Besucher:innen des öffentlichen Raumes sichtbar. Dort dient diese als ethische, ästhetische, ökologische und politische Störung, die die Besucher für das Thema Baumsterben und die tatsächliche Künstlichkeit der „Natur" sensibilisiert. Wie ein Riss in der perfekt konstruierten Wirklichkeit eröffnet sich hier ein Diskurs über die durch Klimawandel und menschlichen Einfluss verursachten Probleme in den heimischen Wäldern und im planetaren Kontext. **Forest Walk 4** dokumentiert fotografisch die offensichtliche „Rückkehr des Lebens" — genauer gesagt, die Wiederbesiedlung der scheinbar „toten" Waldmaterie, in der es von Insekten, Bakterien, Pilzen usw. nur so wimmelt — in der Skulptur „Planetary Forest" innerhalb des ersten Jahres nach ihrer Aufstellung im Botanischen Garten. Die fotografische Dokumentation der Pflanzenarten, die nun als Teil der Pflanzengemeinschaft „Planetary Forest" im Botanischen Garten ihre neue Heimat gefunden haben, hilft, planetar über Erdsysteme und die wechselseitigen Auswirkungen von menschlichen, nicht-menschlichen und unmenschlichen Ökologien im Anthropozän nachzudenken. Die offen inszenierte Künstlichkeit der natürlichen Sukzession der Skulptur offenbart die tiefgreifenden Missverständnisse, in denen der gesellschaftliche Umgang mit der planetaren Umwelt verwurzelt ist. Selbst die „natürlichen" Ressourcen für die Skulptur sind aus sich wiederholenden, vom Menschen geformten Umgebungen (kultivierte Waldlandschaften) hervorgegangen und daher nicht per se „natürlich". „Planetary Forest" zielt darauf ab, nicht hilfreiche Unterteilungen wie Kultur vs. Natur, Mensch vs. Nicht-Mensch, Abschwächung vs. Anpassung und individuelles Handeln vs. systemischer Wandel infrage zu stellen. Stattdessen bietet das Kunstwerk eine sich ständig weiterentwickelnde Kontaktzone für Interaktionen, die sich von einem (menschlich) festgelegten Ergebnis distanziert.

°

„Planetary Forest" wurde während des ersten Jahrgangs eines internationalen Fellowship Programms am Panel on Planetary Thinking entwickelt. Als ein Projekt der Planetary Scholars & Artists in Residence untersucht es, wie Kunst und Wissenschaft sich mit den vielfältigen Beziehungen zwischen menschlichen Gesellschaften und dem Planeten auseinandersetzen. Mit all ihren hölzernen, pflanzlichen, mikrobiellen und andersartigen Komponenten vereint die Planetary Forest Skulptur lebendiges, totes, organisches, mechanisches, existierendes und fantastisches Material, sowie terrestrische und exoterrestrische Materie in Form von Sternenstaub oder Sonnenlicht miteinander. Die lebendige Skulptur fungiert somit als eine Art Linse, durch die sich der planetare Denkstil manifestiert.

In Bemühungen um die Wiederherstellung der Wälder stellt das Anthropozän Herausforderungen an menschliche Gesellschaften, die eine Neuausrichtung ihrer Beziehungen zum Planeten erfordern. Planetares Denken, welches Planetary Forest zugrunde liegt und das Projekt antreibt, bricht mit herkömmlichen Ideen rund um den „Globus" und erweitert Vorstellungen zur Globalisierung und globaler Governance. Der Denkstil nimmt die Erde als Planeten in allen Aspekten ernst und erkennt Menschen als Bestandteile der vielfältigen und komplexen Netzwerke und Wechselwirkungen im Erdsystem. Betont wird dabei die tiefe Verbundenheit der menschlichen Gesellschaften mit allen Formen des Lebens und Nicht-Lebens. Damit geht auch einher, dass menschliche Interessen in Entscheidungsprozessen nicht per se zu bevorzugen sind. Die Einsicht, dass Menschen die Erde mit zahlreichen anderen Lebewesen teilen, kann Nachhaltigkeitsdiskurse bereichern, indem sie Ansätze zur Wiederherstellung der Bewohnbarkeit des Planeten inspiriert.

In diesem Zusammenhang zeigt die Skulptur „Planetary Forest" vor allem, was passieren könnte, wenn der Mensch sich aus einem Miniatur-Waldökosystem zurückziehen würde. Positioniert innerhalb des künstlich geschaffenen und gepflegten Botanischen Gartens, trägt die lebendige Skulptur den regionalen Waldboden und die Thematik des Baumsterbens zurück in die von Menschen gemachte Welt. Als Inbegriff der wissenschaftlichen und kulturtechnischen Konstruktion „natürlicher" Welten dient sie als Moment der ethischen, ästhetischen, ökologischen und politischen Störung. Sie ist ein Kunstwerk, das Besucher dazu anregen soll, das künstlich geschaffene Ökosystem vor ihnen mit den schädlichen Auswirkungen des Klimawandels auf lokale Wälder in Verbindung zu bringen und die Rolle menschlicher Gesellschaften aus einer planetaren Perspektive heraus zu reflektieren.

Introduction

Liza B. Bauer, Clemens Finkelstein, Frederic Hanusch, Claudia Hartl, Mathias Kessler, Claus Leggewie

Forests — whether virtual or real, economic good or cultural heritage, burning in the Amazon or drowning in the swell of the Mississippi, suffering from biological pests or dehydrating due to climate change — have recently resurfaced as a "hot topic" in global cultural production. While foresters puzzle over the composition of the future forest to preserve vital functions of planetary ecosystems, architects ponder how to "design the forest" (Wikstrom 2023) as a material resource for mass timber futures. Artists propose self-owned forests such as *terra0*, whose Blockchain technology would "issue smart contracts and sell licenses to log its trees" (Seidler/Kolling/Hampshire 2016, 1). Novels like *The Overstory* (Powers 2018) pit the disproportionate lifetimes of humans and trees against the struggle of environmental activists to be heard by society. Once at the heart of Hans Carl von Carlowitz's concept of sustainability in *Sylvicultura Oeconomica* (Carlowitz 1713), Karl Marx later saw the changing property conditions of Prussian forests in the nineteenth century as legal and environmental folly in which the right of trees gives way to the right of human beings (Marx 1842). Contrarily to Western exploitation, the Tlingit and Haida peoples of Alaska, indigenous stewards of the dense evergreen forests of the Pacific coast, live in harmony with the ligneous entities, communicating with trees openly in thanks for their natural gifts. Forests, omnipresent in the cultural imaginary since the Neolithic, are increasingly mobilized as metaphors for the spiralling advancements of technology and as an ecological warning sign for climate change. While humans struggle to redraw and hold on to their essential connection to nature, forests serve as models for societal growth and environmental memory that foreground human entanglement with the planet. Forests thus serve as sensitive indexes of our essential relationship with the world.

"Planetary Forest: Bring the Forest into the Garden" is a collaborative project situated at the brooding nexus of the growing field of forest art and the scientific engagement with forest ecosystems by foresters, dendrochronologists, and other natural scientists. The project addresses the numerous ecological challenges that have led to forest decline in Europe in recent years, including economic decisions to stock up timberlands with non-native but more profitable (more biomass-producing) tree species already in previous centuries, higher frequency and intensity of drought events in the course of climate change, and resultant vulnerability of tree species concerning biological pests such as insect attacks or fungi and extreme weather events and wildfires. Widespread forest decline can be observed throughout Germany, including a city forest in the Nature Park Hochtaunus, located just outside the economic metropole of Frankfurt am Main, which experienced various ecological challenges and accordingly contains several so-called *disturbance areas*. A clear-cut section of the forest, formerly populated by a Norway spruce stand recently killed by bark-beetle attacks, would become the source of material to build the "Planetary Forest" sculpture. In close collaboration with the local forest administration of Hesse, the community of Rosbach vor der Höhe, the Botanical Garden Giessen, the Neuer Kunstverein Giessen, and with the unwavering support of the Panel on Planetary Thinking of the Justus Liebig University Giessen, "Planetary Forest" took shape over 4 phases (to-date), which are collected in this publication and framed as "Forest Walks."

The movement through, communion with, and (re)discovery of the forest entwined in the forest walks reflect the (literally) growing nature of the project. **Forest Walk 1** recalls the first encounter that Claus Leggewie, director of the Panel on Planetary Thinking, had with the disturbance area in the city forest of Rosbach v.d.H. and the subsequent decision to construct an artistic, scientific, and political project that took the area affected by forest decline and think through its implications in planetary terms. **Forest Walk 2** developed the initial circumstances of the nature walk further and brought a group of people who answered a public call for participants into the forest for a pedagogical walkabout that interwove historical and scientific narratives about the forestscape. In the smallest space, the performance steered through the destructive history of human activity, from the ruins of an ancient Roman fort to ammunition dumps of the present, from deep wounds of open-pit mining to dead forest areas. The walkabout eventually led to a disturbance area in the city forest, where samples of dead wood, soil, moss, and other organic and inorganic materials were communally collected with the support and permission of the local forest administration and the local mayor. **Forest Walk 3** revisits how this material was carried by truck to the Botanical Garden in the city of Giessen, where, placed on a free-standing lawn area next to the newly built greenhouses, a model of the disturbance area was reconstructed as a living sculpture. Finally fenced off, securing it from human intervention, the sculpture remains visible to any visitor to the public space. There, it serves as an ethical, aesthetic, ecological, and political disruption that sensitizes visitors to the forest decline topic and the artificiality of "nature." Like a crack in the perfectly constructed reality, a discourse opens here about the problems caused by climate change and human impact on local forests and the planetary context. **Forest Walk 4** documents photographically the apparent "return of life" — more accurately, resettlement of seemingly "dead" forest matter that is teeming with insects, bacteria, fungi, etc. — to the "Planetary Forest" sculpture within the first year of its placement in the Botanical Garden. The photographic documentation of the plant species that have found a new home in the Botanic Garden as part of the "Planetary Forest" plant community helps to think planetarily about earth systems and the reciprocal effects of human, nonhuman, and inhuman ecologies in the Anthropocene. The openly staged artificiality of the sculpture's natural succession reveals the deep misconceptions in which societal engagement with the planetary environment is rooted. Even the "natural" resources for the sculpture have sprung from iterative human-formed environments (cultured forestscapes) and are hence not "natural" per se. "Planetary Forest" challenges unhelpful divisions such as culture vs. nature, human vs. nonhuman, mitigation vs. adaptation, and individual action vs. systemic change. Instead, it offers an ever-evolving contact zone for interaction that distances itself from a (humanly) fixed outcome.

°

"Planetary Forest" was developed during the inaugural fellowship year at the Panel on Planetary Thinking. As a project by the Planetary Scholars & Artists in Residence, it explores how the arts and sciences grapple with the manifold relationships between human societies and the planet. With all its wooden, vegetal, microbial, and other kinds of material components, the "Planetary Forest" incorporates the alive and the dead, the organic and the mechanic, the existing and imagined, the terrestrial as well as the extra-terrestrial in the form of stardust or sunshine. The living sculpture thus functions as a lens through which planetary thinking turns into practice.

In the Anthropocene, the challenges human societies face in their attempts at restoring forests call for a readjustment of their relationships with the planet as a whole. Planetary thinking, the notion underlying and driving the Planetary Forest project, goes beyond conventional conceptions around the "globe" and strives to expand our understanding of globalization and global governance. It emphasizes the importance of the Earth as a planet in all its aspects and recognizes humans as interconnected elements in its intricate web of interactions. In this paradigm in the making, it is crucial to recognize the deep interconnectedness of human societies with all forms of life and non-life and to move away from favouring human interests in decision-making processes. Embracing the idea that humans coexist with numerous other living things on Earth can enrich sustainability discourse in formulating new approaches to restoring the planet's habitability.

Connected to this, the Planetary Forest sculpture showcases most effectively what might happen if humans withdrew from interfering in a miniature forest ecosystem. Positioned within the artificially created and well-tended Botanical Garden, the living sculpture carries the regional forest soil and the topic of forest decline into the human-made world. An epitome of the scientific and cultural-technical construction of "natural" worlds, it serves as a moment of ethical, aesthetic, ecological, and political disruption. It is an artwork that encourages visitors to connect the artificially created ecosystem in front of them to the harmful impacts of climate change and human societies on local forests, reflected in a planetary context.

Forest Walk 1

DE Die „Störungsfläche" im Stadtwald der hessischen Gemeinde Rosbach vor der Höhe wirkt auf den ersten Blick unscheinbar.

EN The "disturbance area" in the city forest of the Hessian municipality of Rosbach vor der Höhe appears inconspicuous at first glance.

May 2021

Entdeckung einer Störungsfläche

Claus Leggewie

Es war ein Ökumenischer Kirchentag, der in Deutschland nicht nur ein Ort für Bibelstunden ist, sondern immer auch ein Treffpunkt für gesellschaftliche Debatten und Kontroversen. Da stritt in Frankfurt im Corona-Sommer 2021 unter anderem Bundeskanzlerin Angela Merkel mit der *Fridays-for-Future*-Aktivistin Luisa Neubauer, und beim Jugendprogramm *futurica* saß ich mit Tobias Fuchs vom Deutschen Wetterdienst, dem Klimaforscher Thomas Hickler vom *Senckenberg Biodiversity and Climate Research Centre* und Eva-Maria Kirchler, Revierförsterin im Forstamt Weilrod, zusammen, um mit jungen Leuten über Maßnahmen gegen den Klimawandel und das Artensterben zu beraten.

Die Revierförsterin berichtete von ihrem Waldgebiet im Hochtaunus, das in einem Parallelogramm zwischen der Gemeinde Rosbach vor der Höhe, bekannt durch ihre Mineralwasserquelle, dem römischen Kastell Kapernburg am einstigen Limes-Grenzwall und dem Fernmeldeturm auf dem 500 Meter hohen Steinkopf liegt. Ich kannte es nur flüchtig von der Durchfahrt auf der Autobahn A5 zwischen Gießen und Frankfurt am Main und erfuhr nun, dass die Baustelle, die dort lange währte, der Aufschüttung gegen einen drohenden Erdrutsch in Folge von Starkregen geschuldet war. Und dass der Wald, der an diese Autobahnstrecke heranragt, zunehmend unter Stress geraten ist: anhaltende Dürre, massiver Schädlingsbefall, exponentielles Baumsterben. Das nennen Förster:innen und Biolog:innen „Störungsflächen".

Nach der Diskussion brach ich mit einer Freundesgruppe zu einer Wanderung durch diesen Forst auf. Wir waren erschrocken über die links und rechts der Wege meterhoch aufgetürmten Stämme, die bei einem Kahlschlag gefällt worden waren und nun auf Abnehmer auf dem Holzweltmarkt warteten. Der miserable Zustand der Wälder war uns nicht zum ersten Mal aufgefallen, aber hier war auch für häufige Waldbesucher:innen eine drastische Steigerung zu bemerken. Eine seltsame Stimmung befiel uns an der „Dicken Eiche", einem Naturdenkmal, vor Jahren gefällt, weil sie innen hohl war, und am Aussichtpunkt am Steinbruch, vom dem aus man die Mainmetropole mit ihren Wolkenkratzern wie von einem Balkon aus betrachten kann.

Auf dem Podium hatte Eva-Maria Kirchler die Problematik der sterbenden Wälder sehr plastisch beschrieben und mich zu einem Rundgang eingeladen, bei dem wir aus sachkundiger Quelle die Erfordernisse und Probleme der Waldrettung näher kennenlernten. Die Försterin war eine Anhängerin des moderaten *Rewilding*, das ergebnisoffen und ohne konkreten Zeitplan auf die natürliche Regenerationsfähigkeit des Waldes setzt und menschliche Eingriffe in Grenzen hält. Beispielsweise hatte sie bereits Becken anlegen lassen, um den selten, dann aber in viel zu großen Mengen fallenden Regen aufzufangen und dem trockenen Boden zukommen zu lassen. Unter Waldbesitzer:innen, Jäger:innen, Spaziergänger:innen und auch Förster:innen ist das Konzept nicht sonderlich populär, es gibt Zielkonflikte mit dem Naherholungs-Tourismus und der Holzwirtschaft. Aber nur so, waren auch wir überzeugt, würde in Jahren und Jahrzehnten ein Stück Natur wiederentstehen, in das man gerne gehen würde.

Und so entstand unsere Idee, ein Stück dieses Waldes aus seiner „Störungsfläche" nach Gießen zu verpflanzen und es sich dort - mitten in einem „Kulturgarten", in den vor Jahrzehnten auch „fremde" Arten eingeführt worden waren - ohne jede menschliche Intervention entwickeln zu lassen.

Discovery of a Disturbance Area

Claus Leggewie

It was an Ecumenical Church Congress, which in Germany is not only a place for Bible studies but also always a meeting place for social debates and controversies. Among others, German Chancellor Angela Merkel argued with *Fridays for Future* activist Luisa Neubauer in Frankfurt during the Corona Summer 2021, and at the *futurica* youth program, I sat with Tobias Fuchs from the *German Weather Service*, climate researcher Thomas Hickler from the *Senckenberg Biodiversity and Climate Research Centre*, and Eva-Maria Kirchler, district forester at the Weilrod forestry office, to discuss measures to combat climate change and species extinction with young people.

The district forester told them about her forest area in the Hochtaunus region, which lies in a parallelogram between the community of Rosbach vor der Höhe, known for its mineral water spring, the ancient Roman fort of Kapernburg on the former Limes border wall, and the telecommunications tower on the 500-meter-high Steinkopf. I knew it only fleetingly from the passage on the A5 highway between Giessen and Frankfurt am Main and now learned that the construction site that lasted there for a long time was due to backfilling against an impending landslide due to heavy rain. And that the forest that borders this stretch of highway has come under increasing stress: persistent drought, massive bark beetle infestation, and exponential tree mortality. This is what foresters and biologists call "disturbance areas."

After the discussion, I set out with friends to hike through this forest. We were shocked by the trunks piled meters high to the left and right of the paths, which had been felled in a mass logging operation and were now waiting for buyers on the timber world market. This was not the first time we had noticed the deplorable condition of the forests, but here, there was a drastic increase even for frequent forest visitors. A strange mood struck us at the "Thick Oak," a natural monument that was felled years ago because it was hollow inside, and at the vantage point at the quarry, from which one can view the Main metropolis with its skyscrapers just like from a terrace.

On the podium, Eva-Maria Kirchler described the problem of the dying forests very vividly and invited us to a tour, during which we learned more about the requirements and issues of forest rescue from a knowledgeable source. The forester supported moderate *rewilding*, which relies on the forest's natural ability to regenerate with an open end and without a specific timetable and keeps human intervention within limits. For example, she had already had ponds installed to catch the rain, which falls infrequently but, if it does, in far too large quantities, to supply it to the dry soil. The concept of rewilding is not particularly popular among forest owners, hunters, walkers, and foresters; there are conflicts of interest between local recreational tourism and the timber industry. But only in this way, we were likewise convinced, would a piece of nature re-emerge in the years and decades to come that people would like to visit.

And so, we came up with the idea of transplanting a piece of this forest from its "disturbance area" to Giessen and letting it develop there — in the middle of a "cultural garden" into which "foreign" species had also been introduced decades ago — without any human intervention.

DE Erste Skizzen verorten Planetary Forest im Botanischen Garten Gießen.

EN Initial sketches situate Planetary Forest in the Botanical Garden Giessen.

DE Ausloten möglicher Realisierungen von Planetary Forest bei einer ersten Begehung der „Störungsfläche" mit Revierförsterin Eva-Maria Kirchler und Bürgermeister Steffen Maar.

EN Exploring possible realizations of Planetary Forest during an initial site inspection of the "disturbance area" with district forester Eva-Maria Kirchler and mayor Steffen Maar.

Projektskizze: „Ein zerstörtes Waldstück" Mathias Kessler

April 2022

Rosbach vor der Höhe, eine kleine Stadt 25 Kilometer nördlich der pulsierenden Metropole Frankfurt am Main, ist der Ausgangspunkt unserer Geschichte. Die Stadt liegt an einem ausgedehnten Waldgebiet, das von einem sich schlängelnden Fluss umspült wird. Sie ist ein lebendiger Spiegel für die Auswirkungen des Klimawandels. Bislang war meine Verbindung zu diesem Ort vor allem virtuell, ich habe mich auf Internetquellen, Fotos und eine Zeichnung von Claus Leggewie gestützt. Ich plane jedoch, diesen Ort im Frühjahr 2022 persönlich zu besuchen, um meine Vision für dieses Gebiet zu erkunden.

Stellen Sie sich den Klimawandel wie ein schlecht funktionierendes Karussell vor, bei dem die Bremsen versagt haben, was zu seinem allmählichen Verfall und einem unkontrollierbaren Wirbel führt. Folglich muss sich der Wald anpassen, was die Anpflanzung neuer Baumarten erfordert, da sich die Klimazonen verschieben. Es ist erwähnenswert, dass ein einziger lebender Baum jährlich unglaubliche 10.000 Kilogramm CO2 absorbieren kann. Dennoch schwinden unsere Wälder in einem alarmierenden Tempo, was die Forstwirtschaft vor eine große Herausforderung stellt. Aber was kann ein Kunstprojekt angesichts eines verwüsteten Waldes bewirken? Kunst hat das Potenzial, neue Perspektiven zu eröffnen, verschiedene Formen von Wissen zu generieren, das Bewusstsein zu schärfen und innovative Ansätze zur Bewältigung des Klimawandels einzuführen. Jeder Fall von Zerstörung bietet eine Gelegenheit zur Erneuerung, und genau darauf liegt mein Fokus. In meiner Skulptur Nowhere to Be Found finden Sie ein Aquarium, in dem sich Korallen auflösen und auf einem menschlichen Schädel gedeihen. Das Publikum hat die Möglichkeit, den Zersetzungsprozess als einen kreativen Prozess zu erleben, der das Aufblühen anderer Lebensformen begünstigt. Ich bin zutiefst fasziniert von den Möglichkeiten in Ökosystemen, die am Rande des Zusammenbruchs stehen, und mache ungehinderte Beobachtungen zu einem wichtigen Teil meiner Arbeit. Wenn ich mich Rosbach v. d. H. zuwende, möchte ich eine kollaborative Strategie entwickeln, die sich mit natürlichen Prozessen auseinandersetzt und Ideen entwickelt, um das Unsichtbare sichtbar zu machen.

Ich möchte die Besucher dazu anregen, einen Wald am Rande des Zusammenbruchs zu sehen und zu erleben, was beim Übergang von der Zersetzung zur Neuzusammensetzung geschieht. Dieser Prozess des Beobachtens und Erlebens, nicht des Schimpfens oder des erhobenen Zeigefingers, kann uns letztendlich zum Handeln motivieren. Veränderung beginnt nicht bei anderen, sie beginnt bei uns. Meine Aufgabe ist es nicht, Warnungen zu wiederholen, sondern die Poesie in dieser Geschichte herauszuarbeiten und hoffentlich ein überzeugendes Argument für sie zu liefern.

Project Sketch: "A Destroyed Woodland" Mathias Kessler

Rosbach vor der Höhe, a small town located 25 kilometres north of the bustling metropolis of Frankfurt am Main, is where our story begins. This town is nestled beside a sprawling woodland area, cradled by a meandering river. It stands as a vivid mirror reflecting the repercussions of climate change. So far, my connection with this place has been primarily virtual, relying on internet resources, photographs, and a drawing by Claus Leggewie. However, I plan to personally visit this location in spring 2022 to explore my vision for the area.

Imagine climate change as a malfunctioning carousel where the brakes have failed, leading to its gradual decay and an uncontrollable whirl. Consequently, the forest must adapt, requiring the planting of new tree varieties as climate zones shift. It's worth noting that a single living tree can absorb a staggering 10,000 kilograms of CO2 annually. Yet, our forests are vanishing at an alarming rate, placing a heavy burden on the forestry sector to keep up. But what can an art project do in the face of a devastated forest? Art holds the potential to offer fresh perspectives, generate diverse forms of knowledge, raise awareness, and introduce innovative approaches to address climate change. Every instance of destruction provides an opportunity for renewal, and that is precisely where my focus lies. In my sculpture, "Nowhere to Be Found," you'll find an aquarium where coral dissolves and thrives on a human skull. It's an opportunity for audiences to witness the decomposition process as a creative one, fostering the flourishing of other life forms. I am deeply intrigued by the possibilities within ecosystems on the brink of collapse, making unobstructed observations a critical part of my work. As I turn my attention to Rosbach v. d. H., I aim to develop a collaborative strategy that delves into natural processes and generates ideas to make the invisible visible.

I aim to inspire visitors to see a forest on the verge of collapse and experience what occurs during the transition from decomposition to recomposition. This process of observation and experience, not scolding or finger-wagging, can ultimately motivate us into action. Change doesn't start with others; it begins with us. My role isn't to repeat warnings; it's to unearth the poetry in this story and, hopefully, build a compelling case for it.

Bringt den Wald in den Garten

Chiara Juriatti und Mathias Kessler

Das Konzept der „sozialen Plastik", das Joseph Beuys in den 1980er Jahren einführte, zielte darauf ab, die Rolle der Kunst und der Künstler:innen in der Gesellschaft neu zu definieren. Beuys war der Ansicht, dass Kunst das Potenzial hat, die Gesellschaft umzugestalten, indem sie die kreativen Fähigkeiten der Einzelnen anzapft. Diese Idee stellte das traditionelle Verständnis von Skulptur als physisches Objekt in Frage und erweiterte es um soziale und kollektive Erfahrungen.

Diese dynamische Vorstellung davon, was eine Skulptur sein kann, erstreckt sich auf den sozialen Bereich, wo sie einen kreativen Raum für kollektives Kunstschaffen eröffnet, der mich während meiner gesamten künstlerischen Praxis begleitet hat. So nutze ich die „soziale Skulptur" als Methode, um für andere Menschen Erfahrungen zu schaffen, die zum Nachdenken anregen und zum gemeinsamen Verständnis von Alltagssituationen und -bedingungen beitragen. Jedes Jahr organisiere ich eine „soziale Wanderung" durch die österreichischen Alpen, zu der ich alle Interessierten einlade, in die Bergwelt außerhalb des organisierten Tourismus und der wirtschaftlichen Infrastrukturen einzutauchen. Die Stille, die räumliche Weite der Umgebung, die rauen klimatischen Bedingungen auf den Gipfeln der Berge — alle Sinne werden mit dem übermenschlichen Erhabenen konfrontiert. Dieses Konzept begleitet uns auf jeder Wanderung. Wir fühlen uns klein im Vergleich zu den großen Dimensionen der Natur. Es geht darum, eine Perspektive zu gewinnen, während wir zunehmend mit dem Inneren konfrontiert werden. Was ist der Mensch im Vergleich zu seiner Umwelt? Was bringt uns dazu, sie zu manipulieren?

Ergänzend zu diesem philosophischen Verständnis ist es für meine sozialen Skulpturen von zentraler Bedeutung, dass sie einen Raum für Problemlösungen eröffnen. Bei meinem Projekt „Empire Tour" zum Beispiel führte die gemeinschaftliche künstlerische Aktivität zur Untersuchung und Reinigung des verschmutzten Wassers des Newtown Creek im Herzen von New York City. Ausgehend vom FDR Freedoms Park, einer Gedenkstätte für Franklin D. Roosevelt, fuhren zwei Kanus mit jeweils einem Führer und einem Gast an U Thant vorbei in den Newtown Creek und nach Dutch Kills und endeten beim North Brooklyn Boat Club. Im Vergleich zu dem großen, dem ehemaligen Präsidenten gewidmeten Park, der strukturiert, aufgeräumt und gepflegt wirkt, war der Fluss, auf dem wir fuhren, stark verschmutzt, was auf die verschiedenen Abfallentsorgungsunternehmen zurückzuführen ist, die sich an den Ufern angesiedelt haben. Die Fahrt durch Unmengen von Plastikmüll und schreckliche Gerüche ist ein erhabenes Erlebnis und schockierend zugleich. Die üblen Gerüche und die Ablagerungen von menschlichem Müll zeigen die Realität der städtischen Landschaften und die zerstörerische Macht des Menschen über die Natur. Wir sind beunruhigt, wenn wir mit den Auswirkungen unseres Lebensstils konfrontiert werden. Diese künstlerische Erfahrung geht über den Bereich der bloßen Vorstellungskraft und des passiven Wissens hinaus. Im Anschluss an diese intime Entdeckungsreise fand eine öffentliche Diskussion statt. Die Menschen erkannten, dass dieses Gewässer, das so nahe an ihrem Wohnort liegt, für die Ablagerung von Giftmüll genutzt wird, anstatt als öffentlicher Freizeitraum zu dienen. Der Aufschrei der Öffentlichkeit führte schließlich dazu, dass die Umweltschutzbehörde und die Stadt New York Maßnahmen ergriffen, um die Wasserqualität des Newton Creek zu verbessern.

Mit „Bringt den Wald in den Garten" wollte ich beide Methoden der sozialen Plastik — persönliche Erfahrung und Aktivismus — in die Praxis umsetzen. Der planetare Aspekt des Fellowships in Gießen beeinflusste meinen Denkprozess in hohem Maße. Um der dramatischen Klimaveränderung zu begegnen, streben die Menschen im Allgemeinen nach globalen Lösungen, vorzugsweise nach weitreichenden Techniken, um wieder Harmonie herzustellen. Diese Sicht-

weise erweist sich jedoch als etwas heikel. Bruno Latour hat dies auf den Punkt gebracht: „Die große Unmöglichkeit besteht nicht
darin, auf der Erde gefangen zu sein, sondern zu glauben, dass man die Erde als ein vernünftiges und kohärentes Ganzes begreifen kann, indem man Maßstäbe übereinanderstapelt, vom lokalsten bis zum globalsten - und umgekehrt -, oder zu glauben, dass man sich mit seinem eigenen kleinen Stückchen Garten zufriedengeben könnte" (Latour 2017, 223). Der verstorbene Soziologe erklärt, dass keine Theorie oder Lösung als allumfassend betrachtet werden kann — global und isoliert wie lokal. Jeder Ort auf der Erde ist einzigartig und erfordert daher einzigartige Ansätze. Aber jeder einzigartige Ort ist natürlich auch mit anderen individuellen Orten auf einer planetaren Skala verbunden.

Die soziale Skulptur „Planetary Forest" ließ die Besucher:innen in einen lokalen Kontext eintauchen, der sich an diesen Prinzipien orientiert. Sie waren eingeladen, einen Spaziergang durch den Stadtwald von Rosbach vor der Höhe zu machen und seine reiche Kultur- und Naturgeschichte durch geführte Erzählungen zu erleben: von der Verbindung mit dem römischen Limes (100-300 n. Chr.), verschiedenen Episoden der Abholzung und Aufforstung, dem laufenden Mineralienabbau und sogar seiner Verstrickung mit der Populärkultur, da Elvis Presley auf der ehemaligen US-Militärbasis (jetzt deutsch) stationiert war, die sich zwischen den Bäumen versteckt. All diese historischen Fragmente unterstreichen die Verflechtung von Natur, Kultur und gewaltsamen menschlichen Eingriffen.

Als die Teilnehmer:innen bewusst durch den Wald gingen, konnten sie ihre verflochtenen Beziehungen zu einer Umgebung erfahren, die normalerweise so „natürlich" und unberührt von menschlichen Aktivitäten erscheint. Diese erste Erkenntnis aufgreifend, wurden die Teilnehmer:innen im nächsten Schritt gebeten, sich an einer gemeinsamen Sammlung von toten Zweigen und Erde aus dem Wald zu beteiligen. Dieses Material wurde dann in den Botanischen Garten von Gießen gebracht, wo es neben exotischen Pflanzen aufgestellt wurde. Der Platz, ein Hochbeet aus Erde, das von einer Holzkonstruktion und einem Metallzaun umrahmt ist, sollte von menschlichen Eingriffen unberührt bleiben, damit die Pflanzen und das Erdmaterial auf natürliche Weise nachwachsen können.

Ziel des Projekts ist es, zu beobachten, ob die Pflanzen aus dem Wald isoliert bleiben oder ob die exotischen Pflanzen, die aus kolonisierten Räumen in den Garten gebracht werden, den abgesperrten Raum des Planetarischen Waldes durchbrechen. Auf diese Weise wollten wir die Verflechtung verschiedener Umgebungen und das Potenzial für Austausch und Wachstum untersuchen. Diese soziale Skulptur sollte die Vorstellung von klaren Grenzen zwischen Natur und Kultur, lokal und global in Frage stellen und ein tieferes Verständnis für die komplexen Beziehungen innerhalb unserer Ökosysteme fördern.

Durch die Integration von persönlichen Erfahrungen, Aktivismus und Beobachtung provoziert das Projekt „Planetary Forest" Kontemplation und Dialog über unseren Platz in der Welt und die Verflechtung unseres Handelns. Indem wir uns die Prinzipien der sozialen Skulptur zu eigen machen, streben wir danach, eine eindringliche und zum Nachdenken anregende Erfahrung zu schaffen, die eine Neubewertung unserer Beziehung zur natürlichen Welt und die Notwendigkeit einzigartiger Ansätze zur Bewältigung der globalen Klimaveränderung anregt.

Bring the Forest into the Garden

Chiara Juriatti and Mathias Kessler

The concept of "social sculpture," introduced by Joseph Beuys in the 1980s, aimed to redefine the role of art and artists in society. Beuys believed that art has the potential to reshape society by tapping into the creative capabilities of individuals. This idea challenged the traditional understanding of sculpture as a physical object and expanded it to encompass social and collective experiences.

This dynamic notion of what a sculpture may be extends into the social realm, where it opens a creative space for collective art-making that has accompanied me throughout my artistic practice. I thus utilize "social sculpture" as a method of creating experiences for other people to engender thoughts and aid in the communal comprehension of everyday situations and conditions. Each year, I organise a "social hike" through the Austrian Alps, inviting anyone interested in immersing themselves within the mountainscape outside of organized tourism and its economic infrastructures. Silence, the spatial vastness of the environment, the harsh climatic conditions at the top of the mountain — all senses are confronted with the more-than-human sublime. This concept accompanies us on every hike. We feel small compared to the grand scale of nature. It is about gaining perspective as we are increasingly confronted with the internal. What is the human compared to the environment? What leads us to manipulate it?

Complementing this philosophical understanding, it is paramount to my social sculptures that they open a room for problem-solving. Through my project "Empire Tour," for example, the communal artistic activity led to the testing and cleaning the polluted water of Newtown Creek in the heart of New York City. Starting at the FDR Freedoms Park, a memorial to Franklin D. Roosevelt, two canoes, each with a guide and a guest, rode past U Thant into Newtown Creek and Dutch Kills, ending at the North Brooklyn Boat Club. Compared to the grand park dedicated to the former president, which seems structured, tidy, and cared after, the river we rode on was heavily polluted, owing to the various waste management companies that settled around the shore. The journey through vast amounts of plastic trash and awful smells is a sublime experience and shocking. Foul odours and layers of human trash show the reality of urban cityscapes and humans' destructive power over nature. We are uneasy when confronted with the effects of our lifestyle. This artistic experience transcends the realm of mere imagination and passive knowledge. What followed from this intimate expedition was a more public discussion. People realized that this body of water so close to where they make their homes is used for toxic waste dumping instead of serving as a space for public leisure. Public outcry eventually led to the Environmental Protection Agency and the City of New York taking steps to improve the water quality of Newton Creek.

In "Bring the Forest into the Garden," I aimed to put both methods of social sculpture — personal experience and activism — to work. The planetary aspect of the fellowship at Giessen informed my thought process immensely. To confront climate change, humans generally strive to create global solutions, preferably far-ranging techniques to create harmony again. However, this point of view proves to be somewhat fraught. Bruno Latour put this succinctly: "The great impossibility is not being imprisoned on Earth, it is believing that Earth can be grasped as a reasonable and coherent Whole, by piling up scales one on top of another, from the most local to the most global – and vice versa – or thinking that one could be content with one's own little plot in which to cultivate a garden" (Latour 2017, 223). The late sociologist explains that no theory or solution can be considered all-encompassing — as global and isolated — as local. Every place on Earth is unique and thus demands unique approaches. But every unique place is, of course, also connected to other individual sites on a planetary scale.

Guided by these principles, the social sculpture "Planetary Forest" immersed visitors in a local context. They were invited to take a walk through the city forest of Rosbach vor der Höhe and experience its rich cultural and natural history through guided narratives: from association with the Roman Limes (100-300 CE), various episodes of deforestation and afforestation, ongoing mineral mining, even its entanglement with popular culture as Elvis Presley was stationed at the former US military base (now German) that hides among the trees. All these historical fragments emphasize the entanglement of nature, culture, and violent human intervention.

As participants walked consciously through the forest, they were able to experience their intertwined relationships with an environment that usually seems so "natural" and untouched by human activity. Picking up on this initial realization, participants were asked in the next step to join in a communal collection of dead twigs and soil from the forest. This material was then brought into the Botanical Garden of Giessen, where it was placed alongside exotic plants. Its space, a raised bed of soil framed by a wooden structure and a metal fence, meant human intervention would leave it untouched, allowing the plant and earthly matter to regrow naturally.

The project aims to observe whether the plants from the forest would remain isolated or if the exotic plants brought into the garden from colonized spaces would breach the Planetary Forest's cordoned-off area. By doing so, we aimed to explore the interconnectedness of different environments and the potential for exchange and growth. This social sculpture sought to challenge the notion of distinct boundaries between nature and culture, local and global, and foster a deeper understanding of the complex relationships within our ecosystems.

By integrating personal experiences, activism, and observation, the Planetary Forest project provokes contemplation and dialogue about our place in the world and the interconnected nature of our actions. By embracing the principles of social sculpture, we strive to create an immersive and thought-provoking experience that encourages a re-evaluation of our relationship with the natural world and the need for unique approaches to address global climate change.

Der Botanische Garten Gießen

Betrieb einer Wunderkammer der Natur

Holger Laake und Volker Wissemann

Ausmessen, Umgraben, Hacken, Vorbereiten, Säen, Pflanzen, Pikieren, Gießen, Düngen, Ausschneiden, Pflegen, Etikettieren, Umpflanzen, Vermehren, Saatgut ernten, Säen, Pflanzen, Pikieren ....

Seit 1609 ist der Botanische Garten der Justus-Liebig-Universität an seinem Platz verankert, der älteste Garten Deutschlands, der noch an seinem Gründungsort existiert. Ursprünglich gegründet als ein *Hortus Medicus* zur Erlangung der Kenntnisse über Heil- und Giftpflanzen, und immer der Forschungs- und Lehrgarten der Universität Gießen, niemals ein öffentlicher Garten, prägen seinen Charakter heute mehr als 400 Jahre Auseinandersetzung mit Wissenschaft, Lehre, Bildung und Kultur. Kernbestandteil der universitären Wissenschaft und Lehre durch die Jahrhunderte ist die Beschäftigung und Interaktion mit der Vielfalt der Welt, die Systematik, die die Beziehungsnetze in der Natur sichtbar macht und Erklärungen sucht für Verbreitungsmuster von Pflanzen auf der Welt. Kenntnisse der Diversität und ihrer Nutzungsmöglichkeiten in Veterinär- und Humanmedizin, Pharmazie und Pharmakognosie, Lebensmittelchemie, Nahrungsproduktion, als nachwachsende Rohstoffe, Waldbau, Landwirtschaft, Obstbau, Gartenbau.

Phänologie und Klimawandel sind Teil des wissenschaftlichen Erbes. Artenkenntnisse zum Schutz bedrohter Vielfalt, Methoden der Nachzucht gefährdeter Arten, Sammlungsvielfalt als Ausgangsbasis für morphologische, anatomische, chemische oder molekulare Untersuchungen machen den Garten unersetzlich für die objektbezogene Lehre und Forschung in Ökologie, Evolution, Biodiversität und Naturschutz. Ausstellungen, Informationsmöglichkeiten, Schausammlungen, Vorträge, Führungen, Grüne Schule, Ferienangebote, bionische Themen, Angebote für alle Menschen, füllen den Bereich Bildung und Wissenstransfer mit Leben und helfen, die Komplexität des Lebens für Alle begreifbar zu machen. Naturräume und –situationen, Gewächshäuser und Gartenstrukturen sind die Orte, an denen Kultur im Garten erlebbar werden kann. Konzerte und Lesungen versuchen die Beziehungen von Mensch, Natur und Kultur aufzuzeigen, Kunstprojekte wecken Assoziationen über den eigentlichen Gartenbezug hinaus und öffnen den Blick auf große Zusammenhänge, auf planetare Netze. Gärten sind trotz der Zurschaustellung und Beschäftigung mit der Natur immer Kultur, menschengemacht und ideengeleitet. Bricht die Natur in diesen Raum ein, entstehen gedankliche Verbindungen, die unser Agieren auf der Welt hinterfragen.

Kann „wilde Natur", wenn sie in den Garten gebracht wird, die Kultur „übernehmen", ersetzen, brechen? Gibt es die Möglichkeit eines „Zurück zur Natur", wenn die Orte, aus denen Erde, Baumstämme, Samen eingezäunt in den Garten als „Planetary Forest" gebracht werden, selbst trotz aller vermeintlicher Wildheit und Natürlichkeit Resultate einer ausgesprochen künstlichen Forstkultur sind? Sind diese wilden Pflanzen in einer Umgebung von Kultur überhaupt überlebensfähig? Die Welt unterliegt starken klimatischen Veränderungen mit massivem Einfluss auf die Biodiversität. Hermann Hoffmann hat im 19. Jahrhundert mit seinen Arbeiten im Botanischen Garten Gießen die wissenschaftlichen Grundlagen gelegt für das Erkennen von Klimaauswirkungen auf die Erscheinungsformen von Pflanzen und Tieren, die Phänologie. Heute blühen die Forsythien im Garten 3-4 Wochen eher als 1950.

Wie wird die Rolle des Gartens zukünftig sein, wechselt der Blick von einer die Kultur zurückerobernden Natur zu einer die Natur rekonstruierenden Kultur, eines „Planetary Gardens" in eine Natur? Wird der Garten ein Ort der Bewahrung der sich verändernden Diversität wie schon jetzt in Erhaltungskulturen hochgradig bedrohter Orchideen- oder Löwenzahnarten? Werden Nachzucht und Wiederansiedlung ausgestorbener Arten aus der Gartenkultur zurück in die „Natur" zukünftige gärtnerische Pflichten werden? Bilden Gewächshäuser zukünftige Florengemeinschaften ab, schon jetzt vorab zur Lehre und Vorbereitung auf eine Welt im steten Wandel?

Ausmessen, Umgraben, Hacken, Vorbereiten, Säen, Pflanzen, Pikieren, Gießen, Düngen, Ausschneiden, Pflegen, Etikettieren, Umpflanzen, Vermehren, Saatgut ernten, Säen, Pflanzen, Pikieren...

The Botanical Garden Giessen

Operating Nature's Wunderkammer

Holger Laake and Volker Wissemann

Measuring, digging, hoeing, preparing, sowing, planting, pricking out, watering, fertilizing, cutting out, tending, labelling, transplanting, propagating, harvesting seeds, sowing, planting, pricking out ...

The Botanical Garden of the Justus Liebig University has been anchored in its place since 1609. The oldest botanical garden in Germany still exists at its founding site. Founded originally as a *Hortus Medicus* to acquire knowledge of medicinal and poisonous plants, and always the research and teaching garden of the University of Giessen, never a public garden, its character today is shaped by more than 400 years of involvement with science, teaching, education, and culture. The core component of university science and teaching through the centuries has been engagement and interaction with the diversity of the world, systematics that makes the networks of relationships in nature visible and seeks explanations for patterns of distribution of plants around the world. Knowledge of diversity and its uses in veterinary and human medicine, pharmacy and pharmacognosy, food chemistry, food production, renewable resources, silviculture, agriculture, orcharding, and horticulture.

Phenology and climate change are part of the scientific heritage. Species knowledge for the protection of endangered diversity, methods of breeding endangered species, and collection diversity as a starting point for morphological, anatomical, chemical, or molecular studies make the garden irreplaceable for object-related teaching and research in ecology, evolution, biodiversity, and nature conservation. Exhibitions, information opportunities, show collections, lectures, guided tours, green school, vacation offers, bionic topics, and offers for all people fill the area of education and knowledge transfer with life and help make life's complexity understandable for all. Natural spaces and situations, greenhouses, and garden structures are where culture can be experienced in the garden. Concerts and readings try to show the relationships between human, nature, and culture. Art projects awaken associations beyond the actual garden reference and open the view to significant contexts, to planetary networks. Despite the display and their preoccupation with nature, gardens are always cultural, human-made, and idea-driven. When nature breaks into this space, thoughtful connections emerge that question our agency in the world.

Can "wild nature," when brought into the garden, "take over," replace, or break culture? Is there the possibility of a return to nature if the places from which soil, tree trunks, and seeds are brought then fenced into the garden as a "Planetary Forest" themselves, despite all their supposed wildness and naturalness, the results of a decidedly artificial forest culture? Are these wild plants even capable of surviving in an environment of culture? The world is subject to grave climatic changes with a massive influence on biodiversity. Hermann Hoffmann's work in the Giessen Botanical Garden in the 19th century laid the scientific foundations for recognizing the effects of climate on the manifestations of plants and animals, the science of phenology. Today, the forsythias in the garden bloom 3-4 weeks earlier than in 1950.

What will be the role of the garden in the future? Will the view change from nature reconquering culture to nature reconstructing culture, a "Planetary Garden" projecting into nature? Will the garden become a place to preserve changing diversity as it is in conservation cultures of highly endangered orchid or dandelion species? Will re-breeding and re-introducing extinct species from garden culture into "nature" become future horticultural duties? Do greenhouses map out future floral communities, even now in advance, to teach and prepare for a world in constant flux?

Measuring, digging, hoeing, preparing, sowing, planting, pricking out, watering, fertilizing, cutting out, tending, labelling, transplanting, propagating, harvesting seeds, sowing, planting, pricking out ...

Forest Walk 2

DE Für die dendrochronologische Untersuchung des Stadtwaldes werden Bohrkernproben einiger Buchen entnommen.

EN For the dendrochronological study of the city forest, core samples are taken from several beech trees.

DE Teilnehmer der Performance sammeln Proben von Totholz, Erde, Moos und anderem organischen und anorganischen Material.

EN Participants in the performance gather dead wood, soil, moss, and other organic and inorganic materials.

June 2022

DE Die Ladefläche des Lastkraftwagen füllt sich langsam mit dem Baumaterial für Planetary Forest.

EN The loading area of the truck slowly fills up with the building materials for Planetary Forest.

Wälder, Bäume und Jahrringe

Claudia Hartl

Wälder unter Druck
Seit nun mehr als 50 Jahren sind Berichte über Waldschäden fast allgegenwärtig. Während in den 1960er bis 1980er Jahren die Ursache dafür eher in der Luftverschmutzung (Verkehrs- und Industrieabgase) zu suchen war, hat in den 1990er und 2000er Jahren vor allem der Klimawandel das Absterben von Bäumen durch Insektenbefall und Sturmereignisse gefördert (Seidl 2014). Kürzlich bestätigte eine wissenschaftliche Studie, dass übermäßiger Waldverlust in Europa durchweg mit Dürre zusammenhängt (Daten beziehen sich auf den Zeitraum von 1987 bis 2016, Senf 2020). Seitdem, nur innerhalb der letzten sieben Jahre, scheint dieser Zusammenhang noch ausgeprägter und ist auch für die breite Öffentlichkeit sichtbar. Seit dem Dürreereignis 2018 ist vielerorts Baumsterben zu sehen (vgl. Abb. 1). So wurde bereits der Begriff „Waldsterben 2.0" eingeführt, doch beschreibt dieser das Phänomen nicht treffend, da eher das Absterben einzelner Bäume und bestimmter Arten zu beobachten ist als ein großflächiges Waldsterben (Schuldt 2020). Die Absterbeprozesse sind von hohem öffentlichem, aber auch wirtschaftlichem Interesse, da dieses Phänomen mit großen Verlusten verbunden ist. Im Zuge des Klimawandels werden Hitze- und Dürreereignisse, wie sie 2018 und in den Folgejahren auftraten, voraussichtlich noch häufiger, sodass der Druck auf unsere Wälder in Zukunft vermutlich noch höher wird.

Ökosystemleistungen der Wälder
Wälder bedecken 227 Millionen Hektar (35 %) der Landfläche Europas. Für unsere Gesellschaft sind die verschiedenen Ökosystemleistungen der Wälder sehr wichtig. Diese reichen von wirtschaftlichen (z. B. Rohstoff Holz) über kulturelle (z. B. Tourismus und Erholung) bis hin zu schützenden Leistungen (z. B. Minderung von Bodenerosion, Schutz vor Naturgefahren). Die ökologischen Leistungen haben in den letzten Jahren zunehmend an Bedeutung gewonnen und gehören wohl zu einer der wichtigsten Leistungen der Wälder. Wälder sind zum Beispiel ein wesentlicher Bestandteil des Süßwasserkreislaufs und dienen als Hotspot für die biologische Vielfalt. Als wichtige terrestrische Kohlenstoffsenke sind Wälder für die Bekämpfung des Klimawandels von hoher Bedeutung. Daher sind sie ein entscheidender Bestandteil des Pariser Abkommens und der „Biodiversitätsstrategie" der Europäischen Kommission. Letztere wurde im Mai 2020 als Teil des „Green Deal" ins Leben gerufen und sieht beispielsweise die Wiederherstellung regionaler Wälder durch das Pflanzen von 3 Milliarden Bäumen vor, um den Klimawandel bis 2030 einzudämmen.

Herausforderungen durch den Klimawandel und Dürre
Wälder sind zwar ein wichtiges Instrument im Kampf gegen den Klimawandel, doch gleichzeitig werden sie dadurch auch stark herausgefordert. Der Klimawandel wurde als eine der Hauptursachen für die Zunahme von Störungen identifiziert, verursacht durch biotische (Insekten- oder Schädlingsbefall) und abiotische Faktoren (Windwurf und Waldbrände) (Seidl 2014; Seidl 2017). In den letzten Jahrzehnten war in Europa eine übermäßige Sterblichkeit in erheblichem Maße mit Trockenheit verbunden (Senf 2020). Seit Beginn des 21. Jahrhunderts hat Europa eine Reihe von langanhaltenden trockenen und heißen Sommern erfahren. Die europaweite Hitzewelle von 2003 wurde als das extremste Hitze- und Dürreereignis während des letzten Jahrhunderts angesehen. Diese Rekordhitzewelle wurde als „Vorbote der Zukunft" eingestuft, da solche Extreme eher für das Ende des 21. Jahrhunderts prognostiziert wurden. Das Ereignis von 2018 und die folgenden Jahre haben das 2003er Ereignis sogar übertroffen (Buras 2020; Schuldt 2020). Eine kürzlich veröffentlichte jahrring-basierte Paläoklimastudie hat gezeigt, dass die Aufeinanderfolge der europäischen Sommertrockenheit seit 2015 für die letzten zwei Jahrtausende beispiellos ist (Büntgen 2021). Auch auf lokaler Ebene wird die Außergewöhnlichkeit der jüngsten Entwicklungen sehr deutlich, wie zum Beispiel an der meterologischen Station Frankfurt (DWD-Station #1420), die dem Ursprung unseres „Planetary Forest" am nächsten liegt (Abb. 2). Im Jahr 2018 war die Jahrestemperatur um 2,8 °C höher, gleichzeitig war der Niederschlag um fast 40 % geringer und die

zusätzliche Evaporation aufgrund der höheren Temperaturen verstärkte die Trockenheit weiter. In den darauffolgenden Jahren (ausgenommen 2021) waren die Sommermonate erneut deutlich wärmer und trockener. Diese klimatischen Verhältnisse sind noch kein Nachweis für einen langfristigen Trend, doch stimmen sie mit der von Modellsimulationen vorhergesagten Erwärmung und Trockenheit überein. Bäume können sich aufgrund ihrer langen Lebensdauer nicht ohne Weiteres an die beobachteten schnellen klimatischen Veränderungen anpassen. Die Stabilisierung der Waldökosysteme und die Anpassung an den Klimawandel wird daher in den kommenden Jahrzehnten zu einer großen Herausforderung für den Umweltschutz.

Ansprüche und Empfindlichkeiten von Baumarten

Die Widerstandsfähigkeit der europäischen Wälder hängt nicht nur vom Ausmaß des Klimawandels, sondern auch von den vorherrschenden Waldtypen ab. Verschiedene Baumarten haben unterschiedliche klimatische Ansprüche. Dies gilt auch für die wichtigsten europäischen Baumarten, Waldkiefer (PINUS SYLVESTRIS L.), Gemeine Fichte (PICEA ABIES (L.) H.KARST.) und Rotbuche (FAGUS SYLVATICA L.). Jede dieser Arten ist in Europa unterschiedlich verbreitet (Abb. 3a). Ihr derzeitiges Verbreitungsgebiet (blau) entspricht nicht dem natürlichen Verbreitungsgebiet (grün), sondern ist stark durch anthropogenes Management beeinflusst. In natürlichen Systemen wären die Verbreitungsgebiete der wirtschaftlich wichtigen Koniferen, Kiefer und Fichte schmäler. In bewirtschafteten Wäldern wachsen diese Bäume unter sehr unterschiedlichen Klimabedingungen, wie die artspezifischen Klimahüllen zeigen (Abb. 3b). Am Beispiel des oben dargestellten Klimadiagramms (Abb. 2) zeigt sich, dass die klimatischen Bedingungen in Frankfurt für alle drei Baumarten bereits am Rande der Klimahülle lagen (rotes Kreuz in Abb. 3b). Während der letzten Trockenperiode verschoben sich die klimatischen Bedingungen in Frankfurt deutlich aus den drei Klimahüllen heraus (roter Kreis in Abb. 3b). Ein trockenheitsbedingter Vitalitätsverlust dieser Arten ist daher nicht sehr überraschend. Bäume sind dadurch empfindlicher für andere Stressoren und werden mit sekundären Faktoren konfrontiert, die zum Absterben führen. Fichte ist nach Dürre beispielsweise besonders anfällig für Buchdruckerbefall und Kiefer ist anfälliger für Pilzkrankheiten (z.B. Diplodia-Triebsterben). Auch die Rotbuche ist nun von Vitalitätsverlust betroffen, die eigentlich als relativ trockentolerante Baumart und für das künftige Klima geeignet galt.

Dendrochronologie

Die Dendrochronologie (von altgriechisch *déndron* = Baum, *chrónos* = Zeit, *lógos* = Studium, Wissenschaft) ist die „Lehre vom Baumalter" und als Datierungsmethode in der Archäologie bekannt. Mit den unterschiedlich breiten und schmalen Jahrringen lässt sich jedoch mehr als nur das Alter bestimmen (Abb. 4). Jahrringe sind ein wertvolles Archiv, da sie die Auswirkungen von Umweltveränderungen in hoher zeitlicher Auflösung aufzeichnen (Fritts 1976). Der ökologische Hintergrund der Jahrringforschung beruht im Kern auf dem Liebig'schen Minimumgesetz, welches besagt, dass das Wachstum nicht durch die insgesamt verfügbaren Ressourcen, sondern durch die knappste Ressource (den limitierenden Faktor) bestimmt wird. Ein Jahrring kann also nur so breit werden, wie es der limitierende Faktor zulässt. Das Baumwachstum wird allerdings nur an der oberen oder nördlichen Waldgrenze von einem einzigen Faktor (Sommertemperatur) begrenzt. An Standorten der gemäßigten Zonen, wie in Mitteleuropa, sind die limitierenden Faktoren viel schwieriger zu bestimmen. Das Baumwachstum kann durch mehrere Faktoren gesteuert werden, die teilweise von Jahr zu Jahr variieren.

Jahrringe als Umweltarchiv in verschiedenen Bereichen

Die Jahrringforschung kann auf verschiedene ökologische und klimatologische Fragestellungen angewendet werden. Je nach Standort- und Wachstumsbedingungen können Jahrringe Informationen über die Klimageschichte der letzten Jahrhunderte bis Jahrtausende in jährlicher Auflösung liefern. In diesem Zusammenhang ist es auch möglich, die Abkühlungseffekte großer Vulkanausbrüche auf lokaler bis hemisphärischer Ebene zu beurteilen. Ein weiteres Anwendungsgebiet im Zusammenhang mit Vulkanen ist der Laacher See in der Eifel. Dort ereignete sich einer der größten Ausbrüche der letzten 100.000 Jahre in Mitteleuropa. Die Tephra wurde über weite Regionen Europas verteilt, sodass sie ein wichtiger geochronologischer Zeitmarker in anderen Umweltarchiven (z.B. Moore oder Seen) ist. Kürzlich war es möglich, das tatsächliche Eruptionsjahr (vor 13.079 Jahren) und sogar die Jahreszeit (Frühling) mithilfe von Baumringen zu bestimmen (Reinig 2021). In einem eher ökologischen Kontext lässt sich die Intensität von Insektenmassenausbrüchen anhand von Jahrringen über mehrere Jahrhunderte hinweg beobachten. Sie geben auch Aufschluss darüber, wie Bäume unter der Luftverschmutzung und dem sauren Regen während des „Waldsterbens 1.0" gelitten haben. Ein weiteres Beispiel ist die Entdeckung umfangreicher Waldschäden, die durch eine ganz bestimmte Form der Luftverschmutzung verursacht wurden, nämlich durch Tarnnebel aus Chlorsulfonsäure, der von der deutschen Kriegsmarine während des Zweiten Weltkriegs zum Verstecken des Schlachtschiffs Tirpitz in einem Fjord in Nordnorwegen verwendet wurde (Hartl 2019). Letztlich kann die Jahrringbreite als Indikator für die Vitalität eines Baumes betrachtet werden. Gute Wachstumsbedingungen spiegeln sich in breiten Ringen wider, schlechte Wachstumsbedingungen in schmalen Ringen. Dementsprechend kann auch retrospektiv untersucht werden, wie Bäume auf vergangene (klimatische) Extremereignisse, wie z. B. Trockenheit, reagiert haben.

Jahrring-Berichte: Die Vergangenheit und Gegenwart sind der Schlüssel zur Zukunft?

Der Satz „Die Gegenwart ist der Schlüssel zur Vergangenheit" wurde ursprünglich von dem Geologen James Hutton eingeführt, der im 18. Jahrhundert die Entstehung von Landformen mit aktuellen Prozessen erklärte. Diese Theorie, die als „Aktualitätsprinzip" bekannt ist, wurde jedoch auf viele andere Disziplinen übertragen und ist einer der wichtigsten Grundsätze der Dendrochronologie. Sie bildet das Rückgrat jeder Klimarekonstruktion und bezieht sich auf die zeitliche Stationarität des Zusammenhangs zwischen Baumwachstum und Klima. Unser Wissen über vergangene Klimabedingungen, die über den instrumentell messbaren Zeitraum hinausgehen, stützt sich in hohem Maße auf jahrringbasierten Klimarekonstruktionen. Informationen über das Klima der Vergangenheit und seine natürliche Variabilität sind unerlässlich, um die Einzigartigkeit der jüngsten

Erwärmung zu beurteilen. Derzeit scheint es jedoch noch wichtiger zu sein, aus vergangenen und aktuellen Prozessen zu lernen, um sich an das zukünftige Klima anzupassen. Wir können aus den Reaktionen der Bäume auf vergangene Klimaextreme lernen, um Erkenntnisse über die Überlebenswahrscheinlichkeit und -strategien unserer wichtigsten Baumarten zu gewinnen.

Buchen-Jahrringe in Rosbach vor der Höhe berichten über Dürretoleranz

Im Rahmen des Projekts „Planetary Forest" führte ich eine dendrochronologische Untersuchung im Stadtwald Rosbach v.d.H. durch. Die klimatischen Bedingungen der letzten Jahre haben dort zur Schädigung vieler Buchen geführt. Die Vitalität eines Baumes kann mit verschiedenen Vitalitätsindikatoren bestimmt werden: dem Kronenzustand und dem Zuwachs. Der Kronenzustand wird durch die Kronenverlichtung als Prozentsatz der Entlaubung und Vergilbung definiert. Der Vitalitätsindikator Wachstum kann, wie oben angedeutet, aus den Jahrringen abgeleitet werden. Für die dendrochronologische Analyse haben wir eine Beprobung an einem ~200 Jahre alten Buchenbestand durchgeführt, der aus vitalen (Abb. 5a) und geschädigten Bäumen (Abb. 5b) zusammengesetzt ist. Innerhalb einer ausgewählten Parzelle wurde von 20 Bäumen der Kronenzustand bestimmt und von jedem der Bäume zwei 5 mm dicke Kerne mit einem Zuwachsbohrer entnommen (Abb. 5c). Im Labor wurde die Jahrringbreite mit einer Genauigkeit von 0,01 mm gemessen (Abb. 5d & e). Die so erhobenen Jahrringbreiten jedes einzelnen Baumes sind als graue Linien in Abb. 5f dargestellt. Die dickeren Linien entsprechen Mittelkurven von Bäumen ohne Schäden (grün) und mit starken Schäden (rot). Generell zeigt Abb. 5f, wie Jahrringdatierung funktioniert, da sich alle Bäume gleich verhalten und in bestimmten Jahren einen starken Wachstumsrückgang aufweisen, sogenannte negative Weiserjahre. In diesem Fall können einige der Weiserjahre mit den bekannten europaweiten Dürreperioden 1947, 1976, 2003 und 2018 in Verbindung gebracht werden. Auch wenn der stärkste Wachstumsrückgang nicht unbedingt im Dürrejahr selbst, sondern ein Jahr später auftritt, stellt dies ein typisches Reaktionsmuster der Buche dar. Wenn die Buche durch Trockenheit gestresst ist, reagiert sie mit verstärkter Samenproduktion (Mast) als Überlebensstrategie. Dies bedeutet jedoch, dass die meisten Ressourcen für die Samenproduktion verwendet werden, sodass weniger Energie für das Wachstum im Folgejahr übrigbleibt. Es ist daher sehr häufig, dass der stärkste Wachstumsrückgang tatsächlich ein Jahr später und nicht im Dürrejahr selbst zu beobachten ist. Betrachtet man die Kronenverlichtung der untersuchten Bäume und ihr Wachstumsmuster, so scheinen eher die schnell wachsenden Bäume am meisten zu leiden, während die langsam wachsenden Bäume weniger geschädigt sind. Für die Ableitung allgemeiner Muster sind eine detailliertere statistische Analyse und die Erstellung eines Jahrringbreiten-Netzwerks vorgesehen. Die Buchen im Stadtwald Rosbach v.d.H. sind über 200 Jahre alt, und bei der Betrachtung des gesamten Zeitraums fallen weitere Weiserjahre auf, wie beispielsweise 1854. Dies kann weitere Forschungsfragen aufwerfen, die in Zukunft untersucht werden könnten. Die Jahrringzeitreihen zeigen, dass die Bäume in bestimmten Jahren gestresst waren und somit etwas aus der Vergangenheit zu berichten haben. Was geschah mit den Bäumen (und dem Bestand) in diesen Jahren? Welche anderen Geschichten können sie erzählen?

Abb. 1.
Fig. 1.

DE Typisches Bild unterschiedlicher Kronenzustände eines Kiefern- (links) und Buchenbestands (rechts) nach den jüngsten Dürreereignissen.

EN Typical picture of varying crown conditions in a Scots pine (left) and a Common beech (right) stand after the recent drought events.

Abb. 2.
Fig. 2.

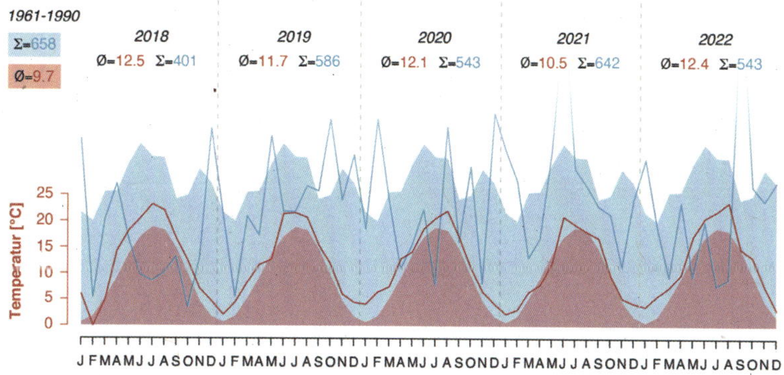

DE Klimadiagramm für die Station Frankfurt (DWD #1420). Zwischen 2018 und 2022 (Liniensignaturen) war die Temperatur (rot) fast durchgehend höher und der Niederschlag (blau) im Mittel deutlich niedriger als in der Klimareferenzperiode 1961-1990 (Flächensignaturen).

EN Climate diagram for the Frankfurt station (DWD #1420). Between 2018 and 2022 (line signatures), the temperature (red) was almost continuously higher and the average precipitation (blue) was significantly lower compared to the climate reference period 1961-1990 (area signatures).

Abb. 3.
Fig. 3.

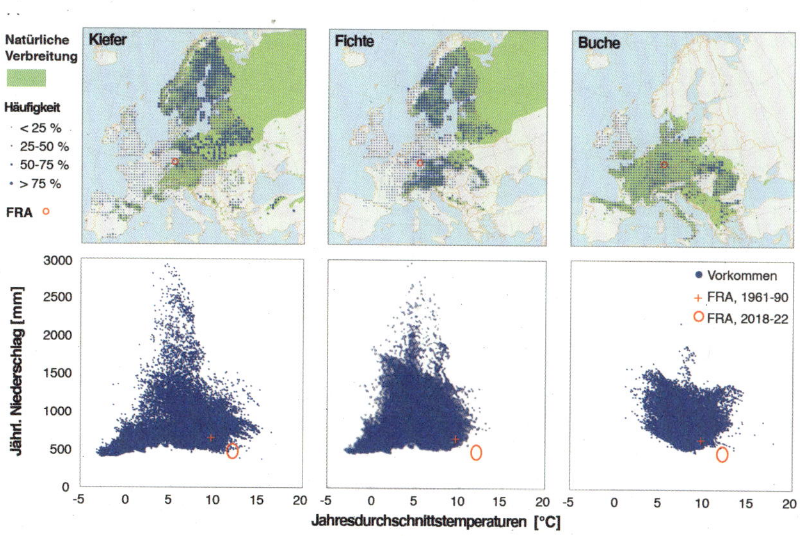

DE (a) Verbreitungskarten der wichtigsten europäischen Baumarten Waldkiefer, Gemeine Fichte und Rotbuche mit ihrer natürlichen Verbreitung (grün) und tatsächlichen (anthropogen beeinflussten) Vorkommenshäufigkeit (blau). (b) Klimahüllen der entsprechenden Baumarten. Darin eigezeichnet sind in rot die jeweiligen klimatischen Bedingungen für Frankfurt (FRA), wie in Abb. 2 dargestellt. (Verändert nach San-Miguel-Ayanz et al. 2016)

EN (a) Distribution maps of the most important European tree species Scots pine, Norway spruce and Common beech with their natural distribution (green) and actual (anthropogenic influenced) occurrence frequency (blue). (b) The climatic envelope of the repseoctive species. Furthermore, the location of the climate station and respective climatic conditions in Frankfurt (FRA), as presented in Fig. 2, is displayed in red. (Changed after San-Miguel-Ayanz et al. 2016)

Abb. 4.
Fig. 4.

DE Beispiel einer Stammscheibe mit gut sichtbaren Jahrringen (hier Lärche). Der Wechsel von breiten und schmalen Jahrringen lässt Rückschlüsse auf die Wuchsbedingungen in den jeweiligen Jahren zu, wodurch eine Vielzahl verschiedener Fragestellungen erforscht werden können.

EN Example of a disc with clearly visible tree rings (here larch). The alternation of wide and narrow rings allows conclusions about the growth conditions in the respective years, whereby a variety of different questions can be explored.

Abb. 5.
Fig. 5.

(a)

(b)

(d)

(e)

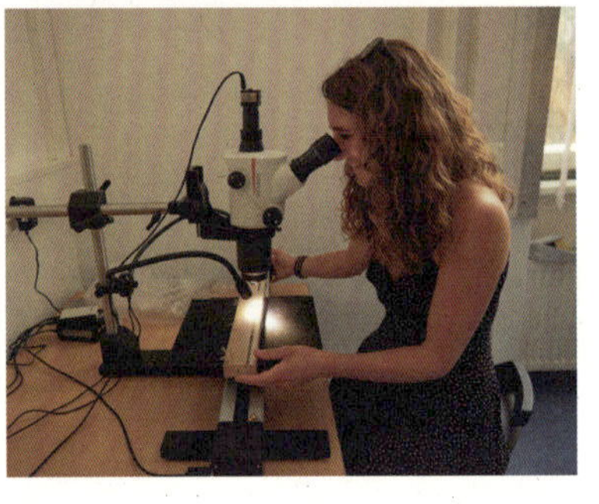

(c)

(f)

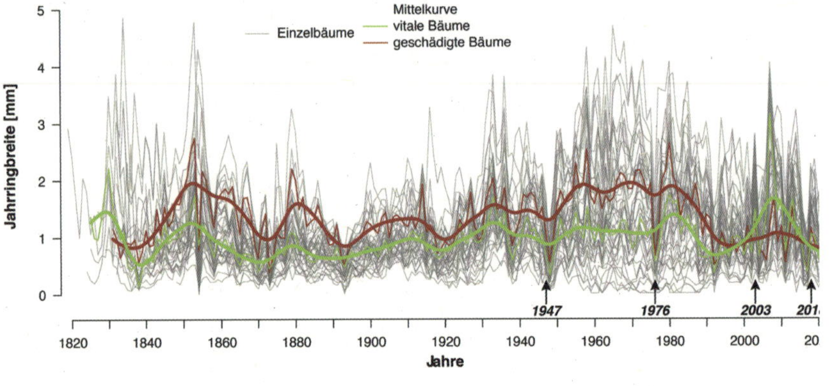

DE Vom Baum zur Zeitreihe: Vitale (a) und geschädigte (b) Buchen im Stadtwald Rosbach v.d.H.. Beprobung einer Buche mit einem Zuwachsbohrer (c) und die daraus resultierenden Bohrkernproben (d), die im Labor mit einem speziellen Messtisch eingemessen werden (e). Die Jahrringbreiten der einzelnen Bäume sind als graue Linien, und die Mittelkurve der vitalen und geschädigten Bäume als grüne bzw. rote Linien dargestellt (f).

EN From tree to time series: Vital (a) and damaged (b) beech trees in the city forest Rosbach v.d.H.. Sampling of a beech with an increment borer (c) and the resulting core samples (d), which are measured in the laboratory with a specific measuring table (e). The tree ring widths of the individual trees are shown as grey lines, and the mean curve of the vital and damaged trees as green and red lines, respectively (f).

Forests, Trees, and Tree Rings

Claudia Hartl

Forests under pressure

It has been more than 50 years now that reports about forest decline are omnipresent. From the 1960s until the 1980s, the reason was rather air pollution (traffic and industrial fumes). In the 1990s and 2000s, climate change effects were causative, and trees died through insect attacks and storm events (Seidl 2014). Recently, a scientific study approved that excessive forest decline is consistently related to drought in Europe (data refers to 1987 to the 2016 period, Senf 2020). Since then, only within the last seven years, this relationship seems even more pronounced and visible to the general public. Since the 2018 drought event, tree mortality can be recognised in many places (cf. Fig. 1). The term "*Waldsterben* 2.0" (forest dieback 2.0) was already introduced but does not describe the phenomenon adequately. Rather than widespread forest dieback, we observe individual tree mortality for specific species (Schuldt 2020). Forest decline is of great public and economic interest as this phenomenon is associated with significant losses. The pressure on our forests will probably even increase as such heat and drought events, as experienced in 2018 and the following years, are predicted to occur more often in the course of climate change.

Forest ecosystem services

Forests cover 227 million hectares (35 %) of Europe's total land area. These ecosystems play a vital role in society by offering various essential services, including economic (e.g., wood-harvest products), cultural (e.g., tourism and recreation), and protective services (e.g., attenuation of soil erosion, protection from natural hazards). Ecological services have gotten increased attention in recent years and are one of the most consequential forest services. Forests are, for example, an essential part of the freshwater cycle and serve as a biodiversity hot spot. As a major terrestrial carbon sink, forests are vital in fighting climate change. As a result, they are a crucial component of the Paris Agreement and the European Commission's "Biodiversity Strategy." Launched in May 2020 as part of the Green Deal, the latter plans to restore regional forests by planting 3 billion trees to mitigate climate change by 2030.

Challenges through climate change and drought

Forests are an essential instrument in the fight against climate change, but simultaneously, these ecosystems are challenged by it. Climate change was identified as a critical driver for increasing forest disturbances, including biotic (insect attacks or pathogen damage) and abiotic factors (windthrow and wildfire) (Seidl 2014; Seidl 2017). In the last decades, however, excess forest mortality across Europe has been significantly related to drought (Senf 2020). Since the beginning of the 21st century, Europe has experienced a series of long-lasting dry and hot summers. The 2003 pan-European heat wave was considered Europe's most extreme heat and drought over the last century. This record heat wave has been rated as a "shape of things to come," initially projected to occur rather in the later decades of the 21st century. However, the 2018 event and the following years have outclassed the 2003 event (Buras 2020; Schuldt 2020). A recent tree-ring-based paleoclimate study proved that the sequence of recent European summer droughts since 2015 has been unprecedented over the past two millennia (Büntgen 2021). The exceptionality of recent developments is getting obvious also on a local scale when observing the meteorological station Frankfurt (DWD station #1420), which is closest to our "Planetary Forest" source (Fig. 2). For 2018, the annual temperature was 2.8 °C higher, simultaneously precipitation was almost 40 % lower and additional evaporation due to higher temperatures even enhanced drought severity. In the subsequent years (except from 2021), summer months were again substantially warmer and dryer. These climatic perturbations do not yet prove a long-term trend, but they align with the warming and drying predicted by model simulations. Due to their long lifespan, trees cannot readily adapt to the observed rapid climatic changes. Thus, stabilizing forest ecosystems and climate change adaptation will become a significant challenge for environmental protection in the upcoming decades.

Tree species demands and vulnerabilities

The resilience of European forests depends on the severity of climatic change and the prevailing forest types.

Different tree species have different climatic demands. This is also true for the most important European tree species, Scots pine (*PINUS SYLVESTRIS* L.), Norway spruce (*PICEA ABIES* (L.) H.KARST.), and Common beech (*FAGUS SYLVATICA* L.). Each of the species shows varying distribution across Europe (Fig. 3a). Their current distribution (blue) is not the natural distribution range (green) but is strongly impacted by anthropogenic management. The distribution ranges of the economically significant conifer species pine and spruce would be narrower in natural systems. In managed forests, these trees grow under very different climatic conditions as represented by the species-specific climatic envelopes (Fig. 3b). By taking the example of the climate diagram shown above (Fig. 2), the climatic conditions in Frankfurt were indeed already at the edge of the climatic envelope for all three tree species (red cross in Fig. 3b). During the latest dry spell, the climatic conditions in Frankfurt shifted significantly out of the three climatic envelopes (red circle in Fig. 3b). A drought-induced vitality loss of these species is thus not surprising. This makes them more sensitive to other stressors, and many trees face secondary agents leading to dieback. Norway spruce, for example, is especially susceptible to bark beetle attacks after drought, and Scots pine became more sensitive to fungal disease (e.g., Diplodia tip blight). Even Common beech suffers, considered a relatively drought-tolerant tree species suitable for future climate.

Dendrochronology

Dendrochronology (from ancient Greek *déndron* = tree, *chrónos* = time, *lógos* = study, the science of) is the 'study of tree age' and is well known as a dating method in archaeology. However, with the differently wide and narrow annual rings, more than just the age can be determined (Fig. 4). Tree rings are a valuable archive as they record the impacts of environmental changes in high temporal resolution (Fritts 1976). The general and initial ecological background of tree-ring research relies on Liebig's Law of the Minimum. It states that growth is dictated not by the total available resources but by the scarcest resource (the limiting factor). A tree ring can thus be only as wide as the limiting factor allows. However, only at elevational or latitudinal treeline sites, tree growth is almost permanently controlled by a single limiting factor (e.g., summer temperature or moisture availability). The limiting factors are much more elusive at temperate growing sites, such as in Central Europe. Multiple factors might limit tree growth, which partly alternate from year to year.

Tree rings as an environmental archive in various fields

Tree-ring research can be applied to various ecological and climatological research questions. Depending on the location and growth conditions, tree rings can deliver information about climate history for the past centuries to millennia in annual resolution. In this context, assessing the cooling effects of significant volcanic eruptions on a local up to hemispheric scale is also possible. Another volcano-related application field is the Laacher See in the Eifel. One of the largest eruptions in Central Europe over the past 100,000 years occurred there. Its tephra was distributed over vast regions in Europe, making it a critical geochronological time marker in other environmental archives (e.g., bogs or lakes). Recently, it was possible to define the actual eruption year (13,079 years ago) and even the season (spring) with the help of tree rings (Reinig 2021). In an ecological context, the intensity of insect mass outbreaks can be observed for several centuries with tree rings. They also reveal how trees suffered from air pollution and acid rain during "Waldsterben 1.0" (forest dieback 1.0). Another example is the disclosure of extensive forest damage caused by a quite specific form of pollution, namely smoke screens consisting of chlorosulfonic acid, which the German Kriegsmarine used to hide the battleship Tirpitz during the Second World War in a fjord in Northern Norway (Hartl 2019). Eventually, the annual ring width can be seen as an indicator of the vitality of a tree. Favourable growth conditions are reflected in wide rings and poor growth conditions in narrow rings. Accordingly, it is also possible to examine retrospectively how trees reacted to past (climatic) extreme events, such as drought.

Tree-ring reports: The past and present is the key to the future?

The phrasing "The present is the key of the past" was initially introduced by James Hutton, a geologist who explained landforms' formation with current processes in the 18th century. However, this theory, known as the 'Concept of Uniformitarianism,' was transferred to many other disciplines and is one of the major principles in dendrochronology. It forms the backbone for any climate reconstruction and refers to the tree-growth/climate relationship's stationarity over time. Beyond the instrumental period, our knowledge about past climate conditions strongly relies on tree-ring-based climate reconstructions. Information about past climate and its natural variability is essential to assess recent warming's singularity. Currently, it seems even more important to learn from past and recent processes to adapt to future climates. We can learn from past tree responses to extreme climatic events to gain knowledge about our major temperate forest tree species' survival probabilities and strategies in the future.

Beech tree rings in Rosbach vor der Höhe report about drought tolerance

Within the 'Planetary Forest' project, I performed a dendrochronological study in the city forest Rosbach v.d.H.. Through the climatic conditions of recent years, several beech trees are suffering there. A tree's vigour can be defined with different vitality indicators: canopy condition and growth. The canopy conditions are defined through crown transparency as a percentage of defoliation and discolouration. As implied above, the vitality indicator growth can be derived from tree rings. For our dendrochronological analysis, we sampled a ~200 years old beech stand consisting of vital (Fig. 5a) and damaged (Fig. 5b) trees. We recorded crown transparency of 20 trees within a selected plot and extracted two 5 mm increment cores from each tree (Fig. 5c). Tree-ring width was measured at an accuracy of 0.01 mm in the laboratory (Fig. 5d & e). The resulting tree-ring widths for each tree are shown as grey lines in Fig. 5f, while the thicker lines represent mean curves of trees without any damage (green) and with severe damage (red). In general, Fig. 5f displays how tree-ring dating works as all trees behave the same way and have substantial growth declines in specific years, so-called negative pointer years. We can relate some pointer years to the well-known pan-European droughts in 1947, 1976, 2003, and 2018. Even though the most substantial growth decline is not necessarily during the drought year itself but one year later, this represents a typical response pattern of beech. When drought stresses beech, it reacts with increased seed production (mast) as a survival strategy. This, however, means that most resources are used for seed production so that less energy is left for incremental growth in the following year. It is thus very frequent that the most substantial growth decline can indeed be observed in the following year instead of the drought year itself. When considering the crown transparency of the sampled trees and their growth pattern, it seems that the fast growers suffer the most, but trees growing modestly are less damaged. More detailed statistical analyses and the compilation of a tree-ring-width network are foreseen for deriving general patterns. The beech trees in the Rosbach v.d.H. city forest grew over the past 200 years, and by considering the whole period, other pointer years are remarkable, for example, 1854. This can open up other research questions which could be studied in the future. It reveals that trees were stressed in some specific years and thus report something from the past. What happened to the trees (and the stand) in these years? Which other stories can they report?

Forest Walk 3

DE Das Waldmaterial wird direkt auf die vorbereitete Fläche im Botanischen Garten Gießen gegeben.

EN The forest material is placed directly on the primed surface in the Botanical Garden Giessen.

DE Als skulpturales Stilleben wird Planetary Forest aus dem Waldmaterial modelliert.

EN Planetary Forest is modeled from the forest material as a sculptural still life.

DE Um menschlicher Intervention vorzubeugen wird die lebende Skulptur final eingezäunt.

EN To prevent human intervention, the living sculpture is finally fenced in.

DE Planetary Forest inszeniert sich über die nächsten Jahre als eine lebende Skulptur und ein mehr-als-menschlicher Index der vom Klimawandel betroffenen Umwelt.

EN Planetary Forest will stage itself over the next few years as a living sculpture and a more-than-human index of the environment affected by climate change.

DE Menschliche Beobachter werden zu ungeahnten Trägern organischer Partikel, die Planetary Forest aus dem Botanischen Garten tragen und so weiter aussäen.

EN Human observers become unexpected carriers of organic particles that carry Planetary Forest outside the Botanical Garden, thus sowing it further.

June 2022

Im Wald der Frequenzen

Clemens Finkelstein

„Bäume, die unhörbar vor Durst schreien … Spinnen, die ihre vibrierende Not spüren … Explosionen, die in einem Tagebau widerhallen, in dem donnernde Maschinen unerbittlich nach Mineralien graben … Ihre seismischen Störungen wandern durch den Boden, wo Netze von Myzelien, die mit der Erde verwoben sind, die transgressiven Resonanzen empfangen … Verfall und Ausbeutung verflechten sich wie ätherisches Geflüster, das durch den Wald der Frequenzen treibt."

°

Nichts von alledem ist jemals geschehen. Und wenn doch, gibt es keine Beweise, die mit den menschlichen Sinnen oder Technologie erfassbar wären. Dennoch ist das, was sich in den obigen spekulativen Fragmenten entfaltet, nur teilweise erfunden. Weder die menschlich-nichtmenschlich-unmenschlichen Akteur:innen in dieser spekulativen Erzählung (Bäume, Spinnen, Myzel-Netzwerke, von Menschen betriebene Bergbaugeräte oder mineralhaltiges geologisches Material) noch der Schauplatz (eine Störungsfläche im Stadtwald Rosbach vor der Höhe und eine nahe gelegene 42 Hektar große Quarzitmine) oder das obskure Medium (Vibration) das ihre jeweiligen Welten miteinander verbindet, sind eine Erfindung des Autors. Im Wald der Frequenzen ist das, was fantastisch erscheinen mag, Realität. Stellen wir uns eine Welt vor, die von einer Substanz erfüllt ist, die wir im Gegensatz zum Licht nicht sehen und im Gegensatz zur Luft nicht atmen können, die aber alle und alles um uns stetig durchdringt. Diese Substanz ist sowohl materiell als auch immateriell. Die menschlichen Sinnesorgane sind nicht in der Lage, die gesamte Bandbreite dieser transskalaren Substanz zu erfassen, aber alle Organismen, z. B. Fauna, Flora, Fungi, Bakterien und sogar azelluläres Leben wie Viren, werden von ihr beeinflusst — deren biochemischen Systeme sind oft feiner auf sie abgestimmt. Auch inaktive Materie, ob Gebäude, Maschinen oder der irdische Boden, auf dem wir durch die Schwerkraft verankert sind, wird von dieser Substanz grundlegend beeinflusst. Manchmal können wir sie hören, spüren, wie sie sich durch uns bewegt, sehen, wie sie die Materie um uns herum verändert.

Dennoch sind wir nicht in der Lage, uns daran festzuhalten, diese Substanz, die die Umwelt und die darin lebenden menschlich-nichtmenschlich-unmenschlichen Akteur:innen formt, zu ergreifen. Ihre Frequenzen charakterisieren den Wald als Netzwerk und Kontaktzone. Von den Philosophen seit der Antike erforscht und grundlegender Bestandteil vieler indigener Kosmologien, ist die Vibration ein fesselndes Grenzobjekt, das konkrete physikalische und abstrakte metaphysische Eigenschaften in sich vereint. Sie wirkt sich direkt auf die natürliche und gebaute Umwelt aus, ist ein transmaterieller Abdruck dieser Welten und vermittelt zwischen verschiedenen Umweltebenen, von der kleinsten Zelle über die körperliche Hülle des menschlichen Körpers bis hin zu den Umweltsphären des Planeten und den die Erde umgebenden Kosmos. „Planetary Forest" schwingt mit den Vibrationen seiner Bewohner:innen und Umgebung.

°

„Die Dirigentin spricht wie ihre Artgenossen, in dünnen Vibrationen, die nur in der Luft kräuseln und den Boden kaum bewegen. Worte." (Jemisin)

°

Vibrascapes sind Abdrücke von Vibrationen, die von speziellen technischen Sensoren registriert und von bestimmten Objekten, physischen Entitäten oder natürlichen Phänomenen erzeugt werden. Ein Seismograph mit vertikaler Achse und ein seismo-akustischer Sensor, der sowohl vertikale Bewegungsseismizität (Geosphäre) als auch Infraschallsignale (Atmosphäre) erfassen kann, dienten als technowissenschaftliche Instrumente bei der Erstellung der Vibrationskartierungen. Jede Vibrationsskizze besteht aus zwei Elementen: dem großflächigen Detailplot und einem kleineren Übersichtsplot, wobei Letzterer als Anhang zum weitaus größeren und prominenteren Ersteren dient. Das dominante abstrakte Farbfeld des Frequenzausschnitts zieht den ersten Blick auf sich und verwischt absichtlich die Grenze zwischen künstlerischem und technischem Bild. Die polychrome Abstraktion löst die Vibrationslandschaft aus ihrem technisch-wissenschaftlichen Kontext heraus und schafft

Raum für eine erste Begegnung mit der sonst unsichtbaren Umgebungsspur. Die Übersichtsgrafik verortet das isolierte Ereignis in einem umfassenden dualen Mapping, welches Vibrationen — seismisch oder infraschallbedingt — in ein Spektrogramm (in Hz) und ein Oszillogramm des Luftdrucks (in Pa) oder der Geschwindigkeit (in m/s) übersetzt, sauber eingerahmt von numerischen Skalen (y-Achse) und einer Zeitskala (x-Achse). Jede Zweikomponenten-Vibrationslandschaft bietet somit sowohl ästhetische Erfahrung als auch wissenschaftliches Verständnis.

°

ANIVGG20220512 — Infraschallvibrationen, die zur Mittagszeit von den Glocken der St. Bonifatiuskirche in Gießen erzeugt werden. Leuchtend gelbe Zonen ballen sich wolkenartig auf dem unteren Teil des abgeflachten Bildgrundes und erheben sich inmitten von Schwaden dunkler und hellerer Farbtöne in Violett- und Orangetönen, die unscharf ineinander übergehen. Diese leuchtenden Dunstschleier signalisieren die aufgezeichneten Intensitätsspitzen des Infraschalls der Kirchenglocken, die von einem Glockenturm der dreischiffigen neogotischen Basilika ausgehen. Diese Vibrationen verbreiten sich in den Außen- und Innenräumen des umliegenden Wohnviertels, dessen Gebäude in gleicher Weise mitschwingen. Die gedämpfte orange-gelbe Wolke oben rechts zeigt die Echo-Spur kleinerer Glocken, die durch die ausströmenden Vibrationen der großen Glocken zur Resonanz angeregt werden. Das Oszillogramm, das auf der Übersichtsgrafik der Vibrascape aufgezeichnet ist, spiegelt dieses phänomenale Ereignis in der Intensität des aufgezeichneten Luftdrucks wider.

°

FLSVVC20230523 — seismische Vibrationen, die über einen vertikalen Geophon-Kanal in einem gemäßigten Regenwald in der Nähe von Vancouver, Kanada, gemessen werden. Wie in einer fehlfarbigen Meereslandschaft lösen sich gebrochene Wellenlinien in orangefarbenen Tönen horizontal im schwarzen Hintergrund auf. Inmitten des chaotischen Rauschens taucht für einen Moment eine stärkere Vibrationsfrequenz in dickeren, helleren Farbtönen auf. Vielleicht durch den Wind verursacht, breiten sich diese Vibrationen von der Krone bis zum Wurzelwerk der Bäume aus und werden als seismische Vibration in den Boden übertragen. So wird diese nichtmenschliche-unmenschliche Begegnung visualisiert, ein Moment jenseits menschlicher Sinneswahrnehmungen festgehalten.

°

NI/SVGG20220516 — Seismische und Infraschall-Vibrationen zeichnen das Naturphänomen des Donners nach, welcher ein regnerisches Sommergewitter in Gießen begleitet. In der Mitte geteilt, um das gleichzeitige Zusammentreffen von Vibrationen zu vermitteln, die sich in der Luft (Infraschall, rechts) oder im Boden (seismisch, links) ausbreiten, streuen sich diese polarisierten Wolken ebenfalls über den Bildgrund aus und markieren höhere Intensitäten von Vibrationsfrequenzen in helleren, leuchtenden Farbschwaden. Eine abstrakte Tomographie unserer konkreten Umgebung.

°

FAIVGG20220512 — Infraschallvibrationen, die von den Flügeln einer einsamen Biene durch die Luft ausgestrahlt werden. Diese zufällige Begegnung zwischen dem seismographischen Gerät und einer Biene hinterlässt Spuren des vibrierenden Wesens. Die sich in floralen Tönen entfaltenden, sanft gestreiften Felder vermitteln eine merkwürdige Annäherung und Distanzierung des Bestäubers aufgrund der attraktiven farbigen Leuchtdioden des Seismographen.

°

„Vibrationen, die an einer gespannten Leitung entlang schwingen. Sie sind von Natur aus in der Lage, in Form von Informationen zu denken, die über eine Entfernung übertragen werden." (Tchaikovsky)

°

Vibrascapes machen die transmateriellen und transskalaren Kontaktzonen der Vibration erfahrbar. Indem sie ihre grenzdurchdringenden Eigenschaften in eine Gestaltungstechnik umwandeln, verschränken diese Vibrationslandschaften künstlerische und technisch-wissenschaftliche Erkundungen als Kartierungen der vibrierenden Resonanz der Umwelt mit planetarischen Multiplizitäten. Das transdisziplinäre Projekt entstand als angewandte Forschungsdimension, die 2022 am Panel on Planetary Thinking der Justus-Liebig-Universität Gießen durchgeführt wurde. Diese Forschung untersuchte die Vibration als transmaterielles Ur-Element, eine Urkraft, die die Erde bereits vor der Entstehung des biologischen Lebens geprägt hat, und zwar in einem Maße, das die Fähigkeiten der selbsternannten Vertreter des Anthropozäns deutlich übersteigt. Prekäre Verflechtungen spielen eine entscheidende Rolle bei der Erkennung der universalisierenden Wirkung von Vibration als planetares Medium, das epochale Bezeichnungen, physikalische Grenzen und Maßstäbe überschreitet.

°

„Es ist, als ob die Moleküle festgenagelt wären. Sogar ihre eigenen Vibrationen sind weg." (Liu)

°

„Die Form ist nur eine Momentaufnahme eines Übergangs" meinte der Philosoph Henri Bergson 1907. Sein Bekenntnis bildet den passenden Rahmen für die *Vibrascapes*, die nur einige wenige vibrierende oder vibrationserzeugende Umweltquellen und ihre beobachtbaren Spuren inmitten einer sich ständig verändernden Vibrationslandschaft isolieren. Hochentwickelte Sensoren zur Analyse der planetaren Umwelt und die zunehmende Zugänglichkeit für die Öffentlichkeit haben in den letzten Jahren eine Vielzahl von Citizen-Science-Projekten hervorgebracht, die Gemeinschaften rund um den Globus befähigen, bewusste soziokulturelle Veränderungen zu bewirken. Die Grenzen durchdringenden Eigenschaften der Vibration sind nur eine Möglichkeit, die Kontaktzonen zwischen den Welten aufzuspüren, zu verstehen und zu nutzen, sowie um eine geosoziale Revolution anzustoßen. „Planetary Forest" ist eine Praxis.

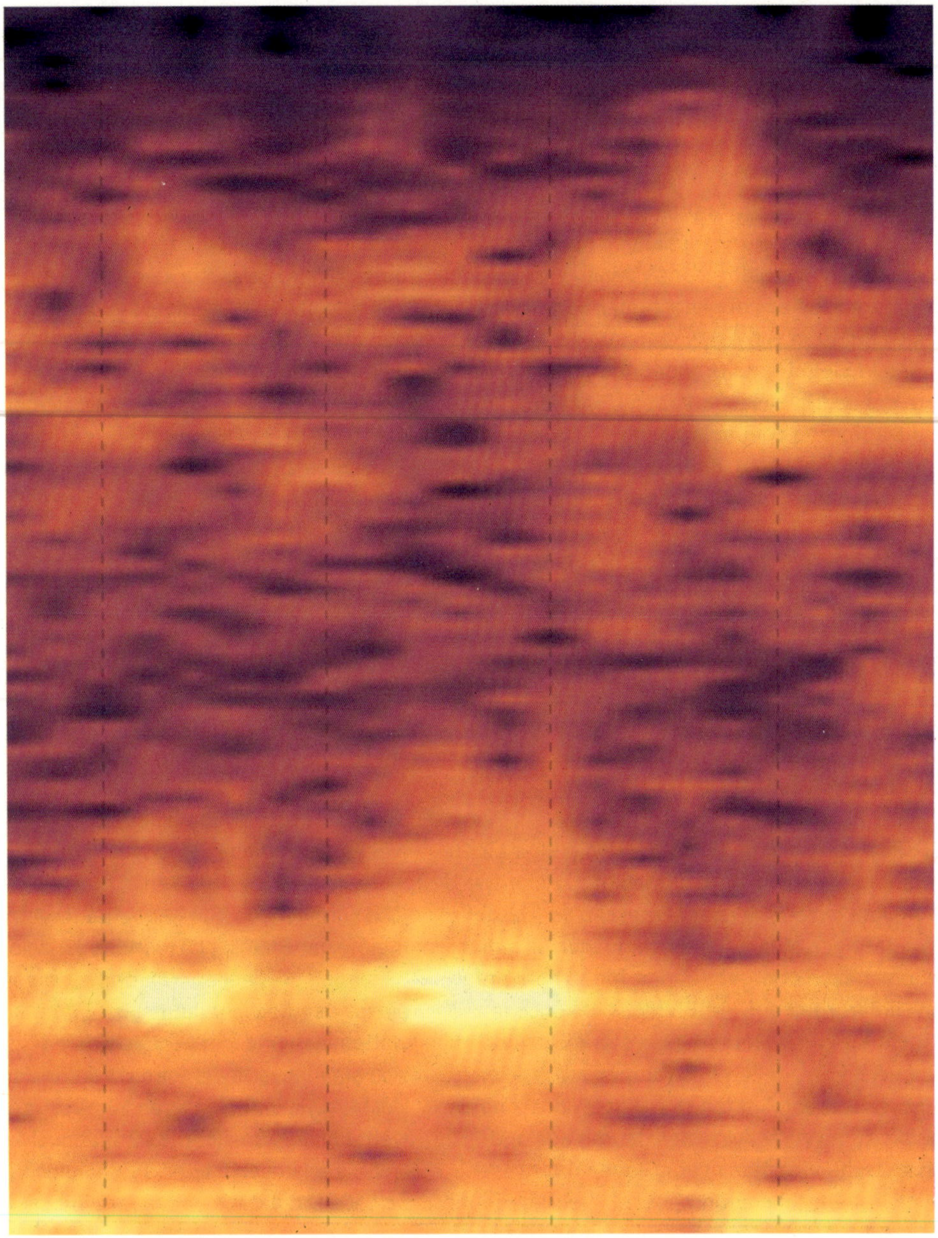

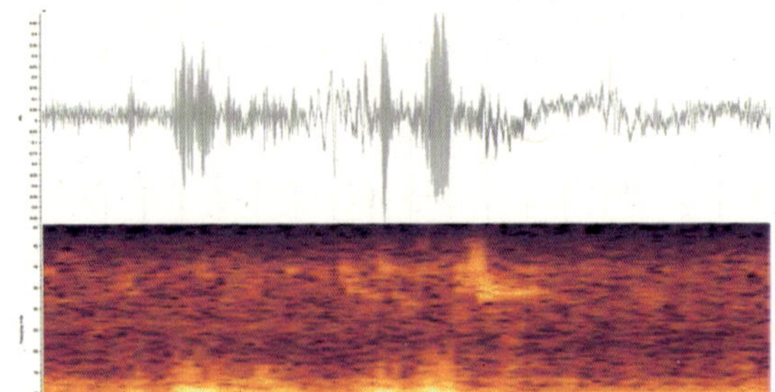

Clemens Finkelstein, vibrascape ANIVGG20220512, anthropogenic, church-bell(s), infrasonic vibrations, St. Bonifatius, Giessen, Germany, 2022-05-12 at 12.02.31, frequency (Hz) and air pressure (Pa).

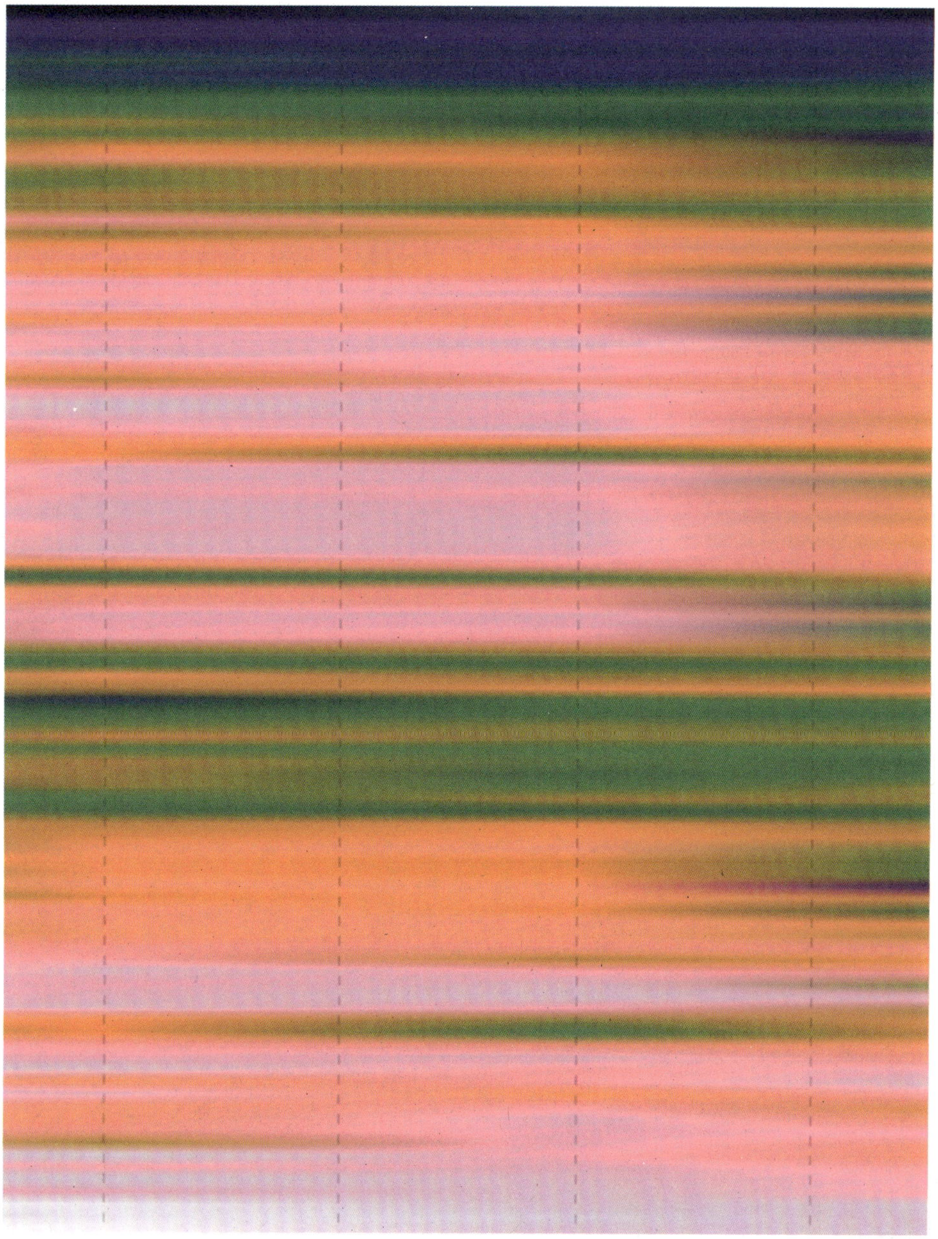

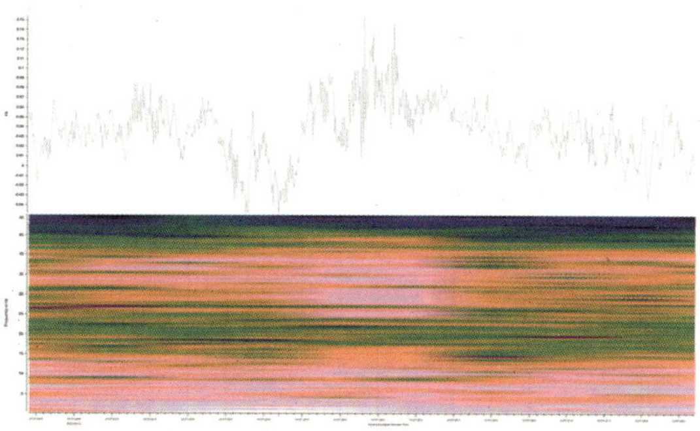

Clemens Finkelstein, vibrascape FAIVGG20220512, bee (solitary visitor), infrasonic vibrations, Giessen, Germany, 2022-05-12 at 13.57.30, frequency (Hz) and air pressure (Pa) plot.

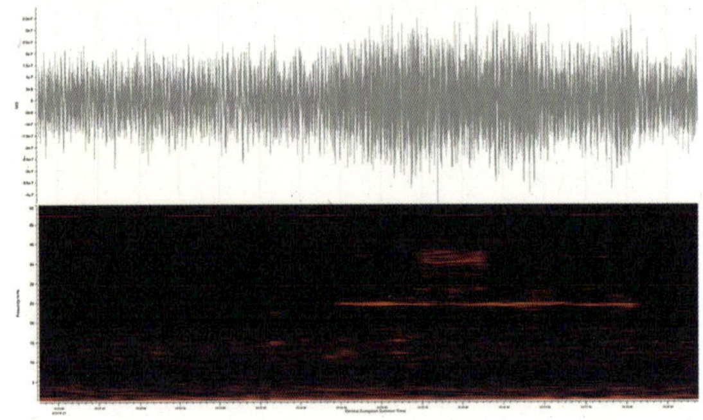

Clemens Finkelstein, vibrascape FLSVVC20230523, temperate rain forest, seismic vibrations, Vancouver, Canada, 2023-05-23 at 19.26.30, frequency (Hz), velocity (m/s) plot.

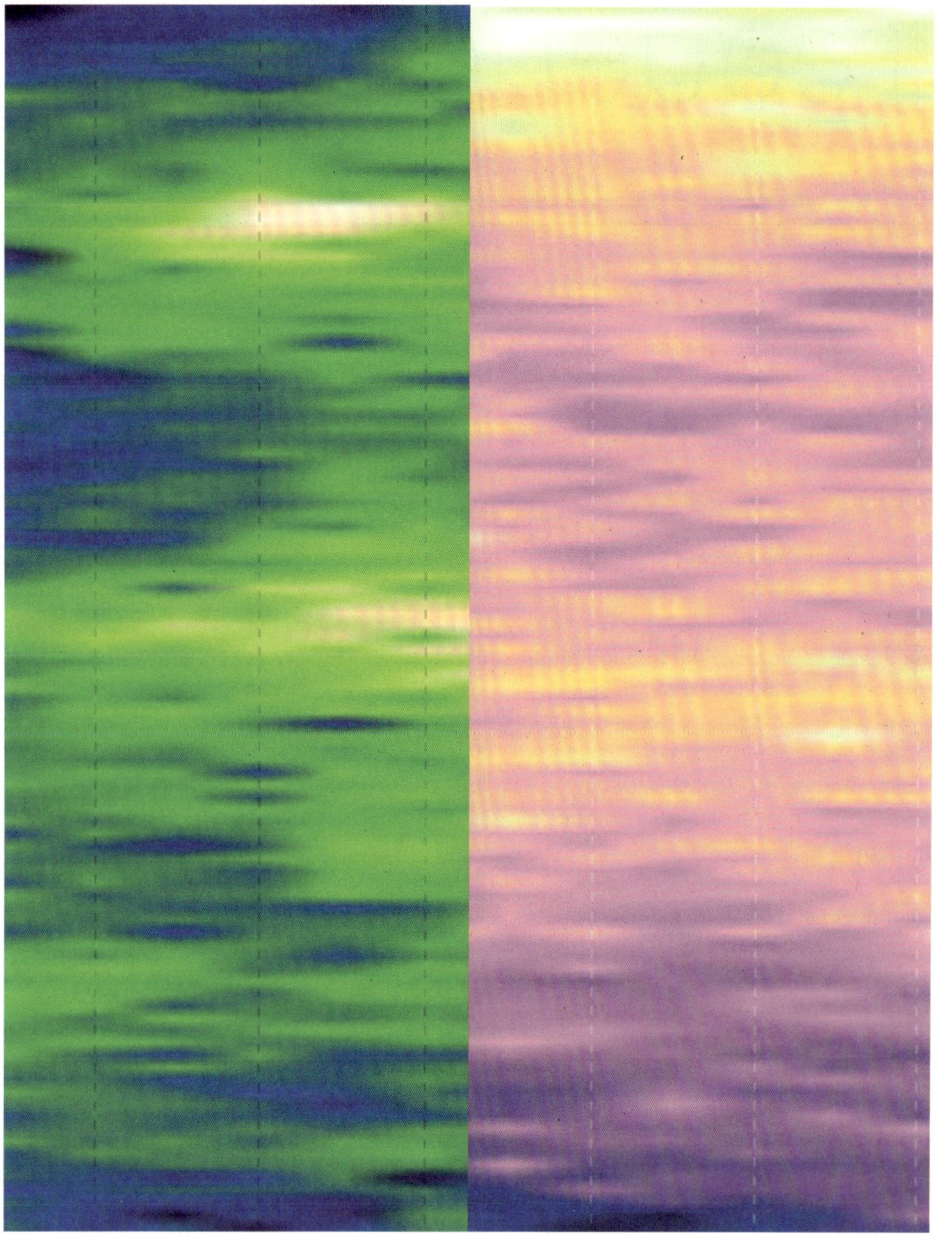

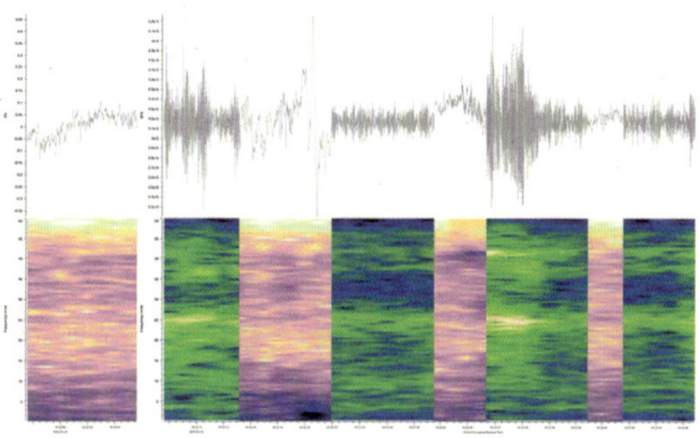

Clemens Finkelstein, vibrascape NI/SVGG20220516, thunder (summer storm), seismic / infrasonic vibrations, Giessen, Germany, 2022-05-16 at 15.22.42, frequency (Hz), velocity (m/s), air pressure (Pa) plot.

In the Forest of Frequencies

Clemens Finkelstein

"Trees inaudibly crying out in thirst ... Spiders sensing their vibratory distress ... Explosions reverberating throughout an open pit mine where thunderous machines relentlessly excavate for minerals ... Their seismic ruptures travel through the ground, where networks of mycelia, interwoven beneath the soil, receive the transgressive resonances ... Decay and exploitation entwined like ethereal whispers drifting through the forest of frequencies."

°

None of this ever happened. Or, if it did, no evidence conceivable by human senses or technology exists. Yet, what unfolds in the speculative fragments above is only partially made up. Neither the human-nonhuman-inhuman actors in this speculative account (trees, spiders, mycelial networks, human-operated mining equipment, or mineral-rich geological matter) nor the setting (a disturbance area in the city forest Rosbach vor der Höhe and a nearby 42-hectare quartzite mine) or the obscure medium (vibration) that links their respective worlds is an authorial fabrication. In the forest of frequencies, what may appear fantastical, is reality. Imagine a world filled with a substance that, unlike light, you cannot see, and unlike air, you cannot breathe, but that always permeates you, everyone, and everything around you. This substance is both material and immaterial. Human sensoria are ill-equipped to register the total bandwidth of this transcalar substance. Still, all organisms, e.g., fauna, flora, fungi, bacteria, and even acellular life, such as viruses, are affected by it, and their biochemical systems often more finely attuned to it. Inert matter, too, whether buildings, machines, or the earthly ground gravity anchors you on, are fundamentally impacted by this substance. Sometimes you can hear it, viscerally feel it move through you, and see its effects shaping the matter around you. Nevertheless, you cannot hold onto it, incapable of seizing this substance that structures the environment and the human-nonhuman-inhuman dwellers within. Its frequencies characterize the forest as a network and contact zone. Explored by philosophers since Antiquity and a foundational part of many indigenous cosmologies, vibration is a captivating boundary object that coalesces concrete physical and abstract metaphysical characteristics. It directly affects the natural and built environment, is a transmaterial imprint of said worlds, and mediates between various environmental scales, from the smallest cell to the corporeal envelope of human bodies, to the environmental spheres of the planet and its surrounding cosmos. "Planetary Forest" vibrates sympathetically with the vibrations of its dwellers and surrounds.

°

"The conductor speaks as her kind do, in thin vibrations that only ripple in the air and barely stir the ground. Words." (Jemisin)

°

Vibrascapes are imprints of vibrations registered by specialized technological sensors and produced by specific objects, physical entities, or natural phenomena. A vertical axis seismograph and a seismo-acoustic sensor, the latter able to detect both vertical motion seismicity (geosphere) and infrasonic wave signals (atmosphere), served as technoscientific instruments in creating the vibration mappings. Each vibrascape comprises two elements: the large-scale detail plot and a smaller overview plot, the latter serving as an appendix to the much larger and more prominent former. The dominant abstract colour field of the frequency detail draws the initial gaze and intentionally blurs the line between artistic and technical images. Its polychromous abstraction detaches the vibrational landscape from its technoscientific context and provides space for an initial encounter with the otherwise invisible environmental trace. The overview plot firmly situates the isolated event within an extensive dual mapping that translates vibrations — seismic or infrasonic — into a spectrogram (in Hz) and an oscillogram of either air pressure (in Pa) or velocity (in m/s), neatly framed by numerical scales (y-axis) and a time scale (x-axis). Each two-component vibrascape thus caters to aesthetic experience and scientific comprehension.

°

ANIVGG20220512 — infrasonic vibrations produced at noon by the bells of the St. Bonifatius church in Giessen, Germany. Bright yellow zones cluster cloudlike on the lower part of the flattened pictorial ground, raised amid the swaths of dark and lighter hues of violet and orange tones that fuzzily blend into each other. These luminous hazes signal the recorded intensity peaks of the church bells' infrasonic vibrations emanating from a bell tower of the three-aisled neogothic basilica. These vibrations spread throughout the exterior and interior spaces of the surrounding residential district, whose buildings resonate sympathetically in kind. The muted orange-yellow cloud on the upper right shows the echoing trace of smaller bells stimulated into resonance by the larger bells' exuding vibrations. The oscillogram recorded on the vibrascape's plot overview reiterates this phenomenal event in the intensity of air pressure recorded.

°

FLSVVC20230523 — seismic vibrations sensed on a vertical geophone channel in a temperate rain forest near Vancouver, Canada. Reminiscent of a miscoloured seascape, broken wave lines in orange hues horizontally dissolve into the black backdrop. Within the chaotic noise, for a moment, a stronger frequency of vibration emerges in thicker, lighter shades. Perhaps caused by wind moving from the crown down to the root system of trees and spreading as seismic vibrations throughout the ground, this nonhuman-inhuman meet is visualized —a moment beyond human sense-abilities encapsulated.

°

NI/SVGG20220516 — seismic and infrasonic vibrations trace the natural phenomenon of thunder that accompanied a rainy summer storm in Giessen, Germany. Split in the middle to convey the coetaneous concurrence of vibrations that spread through the air (infrasonic, right) or the ground (seismic, left), these polarized clouds spread likewise across the pictorial ground, marking higher intensities of vibratory frequencies in lighter, brighter colour swathes — an abstract tomography of our concrete surroundings.

°

FAIVGG20220512 — infrasonic vibrations emitted through the air by the wings of a solitary bee. This chance encounter between the seismographic unit and a bee left residual marks of the pollinator's vibrating being. Unravelling in floral tones, the softly striated fields convey a curious approaching and distancing from the attractive coloured light-emitting diodes of the seismograph.

°

"Vibrations twanging down a taut line. They are naturally equipped to think in terms of information transmitted at a distance." (Tchaikovsky)

°

Vibrascapes render vibration's transmaterial and transcalar contact zones tangible. Converting its boundary-permeating properties into a design technique, these vibrational landscapes entangle artistic and technoscientific exploration as mappings of the environment's vibratory resonance with planetary multiplicities. The transdisciplinary project emerged as an applied research dimension in 2022 at the Panel on Planetary Thinking of the Justus Liebig University Giessen, Germany. It examines vibration as transmaterial *Ur*-element, a primordial force that shaped the Earth since before the emergence of biological life and to a degree significantly beyond the capabilities of the self-proclaimed agent of the Anthropocene. Precarious entanglements play a crucial role in discerning the universalizing agency of vibration as a planetary media that transcends epochal designations, physical boundaries, and scales.

°

"It's as if the molecules are nailed into place. Even their own vibrations are gone." (Liu)

°

"Form is only a snapshot view of a transition," mused the philosopher Henri Bergson in 1907. His avowal fittingly frames the vibrascapes, which isolate but a few vibrating or vibration-inducing environmental sources and their observable traces amidst an ever-changing vibrational landscape. Advanced sensors for analysing the planetary environment, coupled with increasing public accessibility, have spawned many citizen science projects that empower communities around the globe to enact conscious sociocultural change. Vibration's boundary permeating properties are just one way the contact zones between worlds may be traced, understood, and utilized to incite geosocial revolution. "Planetary Forest" is a praxis.

Forest Walk 4

Planetae silva, culpa area Rosbach
Planetarer Wald, Störungsfläche Rosbach
Planetae silva, culpa area Rosbach
Planetary Forest, dieback area Rosbach

August
2023

Planetae silva, culpa area Rosbach
Planetae silva, culpa area Rosbach

Planetare Waldpolitik

Liza B. Bauer, Frederic Hanusch, Claus Leggewie

Menschengemachte Waldschäden
Im deutschen Nahbereich hat in den letzten Jahren wohl jede:r aufmerksame Spaziergänger:in, Waldbesitzer:in und Revierförster:in erfahren, wie einzelne Bäume und größere Waldflächen durch Dürre und Schädlinge zerstört worden sind. In planetarer Perspektive entsprechen dem das rasante Schrumpfen der Regenwälder in Südamerika, Afrika und Asien und großflächige Waldbrände in Australien, Nordamerika und Südeuropa. Diese Entwicklungen haben den Freizeit- und Symbolwert von Bäumen und Wäldern gemindert, die zur kulturellen Grundausstattung menschlicher Gesellschaften gehören, und immense wirtschaftliche Verluste verursacht. Waldgebiete können nicht länger die ihnen zugedachten sozio-ökonomischen und ökologischen Funktionen und damit „die Beiträge der Natur zum Menschen" (Díaz 2018) erbringen. Von der vor dem mitteleuropäischen Haus einstürzenden Linde bis zur großflächigen Verwüstung der Amazonas-Region ist ein ganzes Panorama massiver Schädigungen des Erdsystems ins allgemeine Bewusstsein gelangt.

Diese katastrophale Entwicklung ist verursacht durch menschliche Handlungen und Unterlassungen, beginnend mit der einseitigen Nutzenorientierung von Waldbesitzer:innen. Das nun ins Auge fallende Sterben der Wälder ist menschengemacht und auf die Verwandlung natürlicher Waldgesellschaften in wenig standortgerechte Forste zurückzuführen, die ohnehin durch den vom Menschen angetriebenen Klimawandel gestresst sind. Parallel und in kausaler Wechselwirkung zur nutzenorientierten Försterei schadet auch das Artensterben der Gesundheit der Wälder. Denn der Verlust an Biodiversität verschärft den Schädlingsbefall und den Wildverbiss und behindert die Samenausbreitung der Pflanzen. Zur Katastrophe geführt hat also — individuell wie institutionell und strukturell — das Handeln menschlicher Akteure, indem es Bäume, Wälder, sowie deren nicht-menschliche Bewohner als bloße Objekte betrachtet und nicht einmal die vor über 300 Jahren in der Forstwirtschaft von Hans Carl von Carlowitz eingeführten Nachhaltigkeitsprinzipien beachtet hat. Darüber hinaus hat diese destruktive Subjekt-Objekt-Beziehung das gesamte Erdsystem an Kipppunkte geführt, deren dramatische Vorzeichen in Gestalt einer planetaren Agency von Wasserdefiziten, Überhitzung und Waldbränden auf die menschliche Zivilisation zurückschlagen. Gehandelt haben soziale Akteure, gelitten natürliche — und am Ende werden auch die sozialen Akteure unter diesem Kurzschluss leiden.

Erweiterte Waldgesellschaft
Damit erweitert sich aber das Spektrum der handelnden Subjekte. Begriffe man das „Corona"-Virus, das sich seit 2019 rund um den Erdball verbreitet, als „Akteur" der Weltgesellschaft und Weltpolitik, würde das mittlerweile als durchaus plausible Metapher verstanden. Vermutlich als Zoonose von ehemaligen, auf Tiermärkten malträtierten Bewohner:innen des Waldes übertragen, hat die planetare Agency des Waldes „Corona" tief in systemische Strukturen und gewohnte Abläufe eingegriffen. Aber ist „Corona", ein mit bloßem Auge nicht erkennbares Ding mit einem Durchmesser von etwa 0,16 Mikrometern (µm), damit wirklich selbst ein Akteur? Und ist eine Pandemie ein kollektiver „Jemand", der *intentional* in einen Ablauf eingreift, den üblicherweise als Handelnde bezeichnete Subjekte einleiten und damit eine Kette weiterer Handlungen auslösen? Ist das Verhältnis zum Virus eine Interaktion? Jedenfalls unterscheidet sich diese Handlungsvariante von der noch immer gängigen (Max Weber'schen) Typologie sozialen Handelns, wonach Individuen und Gruppen aus Gewohnheit oder nutzenorientiert, aus Affekten oder Überzeugungen heraus und im wirklichen Leben aus einer Gemengelage solcher Motive tätig werden.

Alternative Zugänge eröffnet die Anthropologie.
Eduardo Kohn nähert sich der Agency des Waldes anhand von Flussläufen, Kautschukbäumen und -händler:innen, Flussdelfinen, Fischen und indigenen Jäger:innen im

Amazonasgebiet Ávila über die vernetzte Struktur des Waldes: Die unterschiedlichen Akteure verteilen sich einerseits entlang der Baumpopulation, ihrer Früchte und der Strömung des Wassers, doch gleichzeitig konstituieren sie diese Strukturen mit: „[F]ließende Muster sind immer mit einer niedrigeren energetischen und materiellen Ebene verbunden. Und die Materialitäten — sagen wir, Fisch, Fleisch, Früchte oder Gummi — sind das, worauf lebende Wesen, seien es Delphine, Jäger, fruchtfressende Fische oder Gummibosse, zuzugreifen versuchen, wenn sie sich Formen zunutze machen" (Kohn 2013, 167). Die Fische, die sich von der Kautschukbaum-Frucht ernähren, tragen deren Samen den Fluss entlang, womit sie (genau wie Fisch-fressende Delphine) an der Verteilung der Baumpopulation beteiligt sind; und letztere orientiert sich wiederum am Flusslauf als Wasserquelle (Kohn 2013, 162). Solche Kausalzusammenhänge folgen nicht der „Push-and-Pull-Logik, die wir normalerweise mit der körperlichen Anstrengung verbinden, die nötig ist, um etwas zu *tun*" (Kohn 2013, 163, unsere Hervorhebung). In planetarer Sicht sind Menschen, wie eingangs dargelegt, nicht die einzigen Akteure, auch Tiere, Pflanzen und nicht-belebte Objekte, darunter technische Artefakte und gar „künstliche Intelligenzen" besitzen Agency. Das bedeutet: ihnen wird eine zur willentlichen Handlung analoge — und diese möglicherweise verstärkende, durchkreuzende oder zunichte machende — Wirkmächtigkeit zugeschrieben.

Konferenz des Waldes

Stellen wir uns im Sinne eines Gedankenexperiments eine Waldkonferenz mit dem Ziel der Eindämmung der beschriebenen Degradation und der Prävention weiterer Schäden vor. Eingeladen werden konventionelle Akteure wie Forstbesitzer:innen, die der Marktnachfrage entsprechend schnell wachsende Monokulturen angepflanzt und ausgebeutet haben, des Weiteren Behörden und Regierungsinstanzen, die Regenwälder zur Abholzung freigegeben haben. Hinzu tritt als anonyme Instanz das Anthropozän, in dem der (industriekulturelle) Mensch kollektiv als geologische Kraft auftritt. Dagegen angetreten sind einzelne Waldliebhaber:innen, Wissenschaftler:innen und zivilgesellschaftliche Akteure, die menschengemachte Waldschäden aufhalten wollen und eine Art Weltgewissen geschaffen haben, das sich in Protestaktionen, Gerichtsverfahren und auch in der umweltfreundlichen Mobilisierung von Wähler:innen artikuliert. Gerichte lassen mittlerweile Sammelklagen zu und sprechen Urteile zu den „Rechten der Natur" bzw. mit Blick auf künftige Generationen.

In diesem Zusammenhang taucht ebenso die bis dahin meist übersehene Akteursgruppe, die indigene Waldbevölkerung auf, die mit der Naturzerstörung ihre Lebensgrundlagen verloren hat, deren moralische Anklagen und politische Proteste aber lange ignoriert wurden. Doch nicht nur ihre materiellen Grundlagen sind bedroht. Indigene bringen in den Diskurs über Bäume und Wald eine symbolisch-kulturelle Dimension ein, die aus euro- und anthropozentrischer Sicht als „animistisch" oder „schamanistisch" etikettiert und als unaufgeklärtes Wissen diskreditiert wurde. Vermittelt über dieses exquisite Wissen kommen schließlich die großen Gruppen entscheidender Akteure im Konflikt um das Baumsterben zum Vorschein: die Flora und Fauna selbst, deren Materialität ein von Menschen weithin ignoriertes Eigenleben aufweist, das für die Zukunft der Bäume und Wälder vermutlich entscheidender ist als die bis dato hilf- und erfolglosen Versuche der üblichen Akteure, in das biologische Geschehen zu intervenieren. Die kanadische Forstwissenschaftlerin Suzanne Simard greift ein Verständnis von Ökologie und Nachhaltigkeit an, das die vielfältigen belebten, intelligenten, und sozialen Eigenschaften und Kapazitäten nicht-menschlicher Lebensformen ignoriert:

„Es ist unsere Unverbundenheit — und das verlorene Verständnis für die erstaunlichen Fähigkeiten der Natur —, die einen Großteil unserer Verzweiflung verursacht, und insbesondere Pflanzen sind Objekte unseres Missbrauchs. Wenn wir ihre empfindungsfähigen Qualitäten verstehen, wird sich unsere Empathie und Liebe für Bäume, Pflanzen und Wälder auf natürliche Weise vertiefen und innovative Lösungen finden. Die Hinwendung zur Intelligenz der *Natur selbst* ist der Schlüssel" (Simard 2021, 305).

Der alles andere als esoterischen Übung „Denken wie ein Baum" nähern wir uns Simard zufolge über die Vergegenwärtigung des Zusammenwirkens der Bäume, Tiere, Pilze, anderer Mikroorganismen: „Ein intelligentes System, wahrnehmungsfähig und reaktionsschnell. Atmen. Denken. Aufnehmen. Verarbeiten". Auf Menschenart wird im Wald gewiss nicht kommuniziert, so dass jeder Versuch, Bäumen zuzuhören fehlerbehaftet bleibt. Dementsprechend wünscht sich Simard, sie hätte im Wald Jemanden zum Reden, „um [ihr] wachsendes Gefühl zu diskutieren, dass der Pilz ein vertrauenswürdiger Helfer für die Setzlinge sein könnte. Enthielt der gelbe Pilz eine geheime Zutat, die ich — und alle anderen — irgendwie übersehen hatten?" (Simard 2021, 19). Wer sich auf diesen speziellen „Dialog" einlässt, kann eventuell Handlungslinien ausmachen, die den komplexen und vielfältigen Belastungen, deren Bäume und Wälder ausgesetzt sind, entgegenwirken.

Animistische Kosmologien basieren auf nicht-binären, relationalen Ontologien und könnten zum tieferen Verständnis über die komplexen Wechselbeziehungen unter den unterschiedlichen Lebensformen der Wälder beitragen. Während die etablierte Dichotomie zwischen Natur und Kultur zur Entfremdung zwischen Menschen mit westlich geprägtem Naturverständnis und der nicht-menschlichen Welt geführt hat, haben Indigene vielleicht einen Vorsprung: „Traditionelle Gesellschaften leben nicht im Einklang mit der Natur; sie kennen diese nicht" (Latour 2004, 232). Der Wald agiert demnach einer spirituellen, wegweisenden Kraft folgend, welche Menschen nur im Traum oder unter Einfluss bewusstseinsverändernder Substanzen verstehen können. Radikaler noch argumentiert die indigene Umweltaktivistin Sônia Guajajara, die sich und ihre Mitstreiterinnen als direkte Sprachrohre für nicht-menschliche Akteure versteht: „Für uns spricht der Wind, die Tiere sprechen, das Wasser spricht, die Erde schreit und wir verstehen und interpretieren diese Zeichen. Der indigene Kampf und der Kampf für die Umwelt sind ein und dasselbe" (James 2021). Sie verstehen ihre Körper und ihr Bewusstsein als sich ständig neu konstituierende Ergebnisse, Teile, und Komponenten von „Mutter Erde", sodass sie die Verteidigung ihrer eigenen Grundrechte als kongruent mit deren der Natur verstehen:

"Das Territorium ist der heilige Ort des Lebens, der Existenz, der Kultur und der Artenvielfalt. Es ist der Ort, der den Körper aufrechterhält. Der Körper, der kämpft und zu Demonstrationen geht, um Mutter Erde zu verteidigen. Es ist auch der Körper, in dem unser Geist verankert ist, dieser indigene Geist, der von den Vorfahren geleitet wird, die uns den Mut geben, trotz aller Herausforderungen, die uns von der Regierung und dem System auferlegt werden, weiterzumachen. Wir haben keine Alternative. Wir verteidigen die Natur als unsere Mutter, die uns Nahrung und Medizin gibt und unsere Kultur schützt. Für uns ist das alles eine natürliche Beziehung, die uns dazu bringt, auf alles zu hören, was unsere Mutter sagt" (James 2021).

Solche Aussagen stehen im Widerspruch zu gewohnten Wissensbeständen der Kognitionsbiologie und Verhaltenskunde. Auch indigene Übersetzer:innen können kaum davon ausgehen, dass sie die Zeichen des Windes und die unterschiedlichen Stimmen der Tiere absolut *verstehen* – sie können diese jedoch einfühlsamer interpretieren. Wie alle Menschen sind die indigenen Übersetzer:innen selbst Teile der Erde und tragen somit jede Einwirkung auf diese mit („wir sehen uns als das Land selbst"). Was sie jedoch von Menschen mit westlich geprägtem Naturverständnis unterscheidet, ist ihr intuitives Bewusstsein dieser Wurzeln in der ‚natürlichen' Welt sowie ihre Schlussfolgerung, ihre Stimme entspräche der von ‚Mutter Erde'. Sônia Guajajara versteht ihre politische Agency nicht als ‚im Einklang' mit planetaren Akteuren, sondern *als* die politische Handlungsmacht der Erde selbst. Wenn sie davon spricht, nicht-menschliche Zeichen zu „verstehen und zu interpretieren", dann meint sie, dass ihrem Verständnis folgend gar keine Unterscheidung zwischen Verständnis und Interpretation besteht. „*Für uns* spricht der Wind" liegt jenseits der Trennung von Natur und Kultur. Unsere Fallstudie zum in den Gießener Botanischen Garten verpflanzten Rosbacher Waldstück soll diesen Weg ein Stück weiter bahnen.

EN

Planetary Forest Policy

Liza B. Bauer, Frederic Hanusch, Claus Leggewie

Human-made Forest Decline

In recent years, every attentive walker, forest owner, and district forester in Germany has probably experienced how individual trees and larger forest areas have been destroyed by drought and parasites. From a planetary perspective, this corresponds to the rapid shrinking of rainforests in South America, Africa, and Asia and large-scale forest blazes in Australia, North America, and Southern Europe. These developments have diminished the recreational and symbolic value of trees and forests, which are part of the basic cultural endowment of human societies, and caused immense economic losses. Forests can no longer perform their supposed socio-economic and ecological functions and thus "nature's contributions to people" (Díaz 2018). From the lime tree collapsing in front of a Central European house to the large-scale devastation of the Amazon region, a whole panorama of massive damage to the Earth system has reached general awareness.

This catastrophic development is caused by human actions and omissions, starting with the one-sided benefit orientation of forest owners. The death of forests, which is now becoming apparent, is human-made due to the transformation of natural forest communities into woods less suited to their location, which are already stressed by human-driven climate change. In parallel and in causal interplay with benefit-oriented forestry, species extinction also damages the health of forests. This is because the loss of biodiversity exacerbates pest infestations and deer browsing and hinders the seed dispersal of plants. The catastrophe has thus been caused — individually as well as institutionally and structurally — by the actions of human actors, in that they regard trees, forests, as well as their non-human inhabitants, as mere objects and have not even observed the principles of sustainability introduced in forestry over 300 years ago by Hans Carl von Carlowitz. Moreover, this destructive subject-object relationship has led the entire Earth system to tipping points, the dramatic omens of which are rebounding on human civilization in the form of a planetary agency with water deficits, overheating, and conflagrations. Social actors have acted, natural ones have suffered — and in the end, social actors will also suffer from this short circuit.

Extended Forest Society

However, this expands the spectrum of acting subjects. If one were to conceptualize the "Corona" virus, which has been spreading around the globe since 2019, as an "actor" of global society and global politics, this would be understood as a plausible metaphor. Presumably transmitted as a zoonosis by former inhabitants of the forest maltreated in animal markets, the planetary agency of the forest has deeply intervened in systemic structures and habitual processes. However, does that make "Corona," a thing invisible to the naked eye with a diameter of about 0.16 micrometres (μm), really an actor itself? Moreover, is a pandemic a collective "someone" who intentionally intervenes in the course of events that subjects usually referred to as agents initiate and thus trigger a chain of further actions? Is one's relationship to the virus an interaction? In any case, this action variant differs from the still common (Max Weberian) typology of social action, according to which individuals and groups act out of habit or benefit-oriented, out of affects or convictions, and in real life out of a mixture of such motives.

Anthropology opens alternative approaches. Eduardo Kohn approaches the agency of the forest concerning river courses, rubber trees and traders, river dolphins, fish, and indigenous hunters in the Amazon region of Ávila through the networked structure of the forest: on the one hand, the different actors distribute themselves along the tree population, their fruits and the flow of the water, but at the same time they constitute these structures: "[E]mergent patterns are always connected to lower-level energetics and materialities. And the materialities — say, fish, meat, fruits, or rubber — are what living selves, be they dolphins, hunters, fruit-eating fish, or rubber bosses, are trying to access when they harness form" (Kohn 2013, 167). The fish that feed on the rubber tree fruit carry its seeds along the river, thus participating (just like fish-eating dolphins) in the distribution of the tree population; the latter is oriented towards the river course as a source of water (Kohn 2013, 162). Such causal connections do not follow the "push-and-pull logic we usually associate with the physical effort needed to *do* something" (Kohn 2013, 163, our emphasis). From a planetary perspective, as explained initially, humans are not the only actors; animals, plants, and non-living objects, including technical artefacts and even "artificial intelligences" also possess agency. This means they are ascribed an agency analogous to — and possibly reinforcing, thwarting, or nullifying — volitional actions.

Conference of the Forest

Let us imagine, in the sense of a thought experiment, a forest conference with the aim of stemming the degradation described above and preventing further damage. Invited are conventional actors such as forest owners who have planted and exploited fast-growing monocultures according to market demand, as well as authorities and government bodies that have cleared rainforests for logging. Added to this is the Anthropocene, an anonymous instance in which (industrial-cultural) humans collectively act as a geological force. Individual forest lovers, scientists, and civil society actors who want to stop forest decline and have created a kind of world conscience that articulates itself in protest actions, court cases, and the environmentally oriented mobilisation of voters have taken a stand against this. Courts now allow class action suits and pronounce judgments on the "rights of nature" or with a view to future generations.

In this context, the hitherto mostly overlooked group of actors, the indigenous forest people, who have lost their livelihoods with the destruction of nature but whose moral accusations and political protests have long been ignored, also emerges. However, it is not only their material foundations that are threatened. Indigenous people bring a symbolic-cultural dimension to the discourse on trees and forests that has been labelled "animistic" or "shamanistic" from a Euro- and anthropocentric perspective and discredited as unenlightened knowledge. Mediated through this exquisite knowledge, the large groups of decisive actors in the conflict over tree death finally emerge: the flora and fauna themselves, whose materiality has a life of its own, largely ignored by humans, which is probably more decisive for the future of trees and forests than the hitherto helpless and unsuccessful attempts of the usual actors to intervene in biological events. Canadian forest scientist Suzanne Simard attacks an understanding of ecology and sustainability that ignores the diverse animate, intelligent, and social properties and capacities of non-human life forms: "It's our disconnectedness — and lost understanding about the amazing capacities of nature — that's driving a lot of our despair, and plants, in particular, are objects of our abuse. By understanding their sentient qualities, our empathy and love for trees, plants, and forests will naturally deepen and find innovative solutions. Turning to the intelligence of nature itself is key" (Simard 2021, 305).

According to Simard, we approach the anything-but-esoteric exercise of "thinking like a tree" by visualising the interaction of trees, animals, fungi, and other microorganisms: "An intelligent system, perceptive and responsive. Breathe. Think. Absorb. Process". There is no human communication in the forest, so any attempts to listen to trees remain error-prone. Accordingly, Simard wishes she had someone to talk to in the forest "to debate [her] growing sense that the fungus might be a trustworthy helper to the seedlings. Did the yellow fungus contain some secret ingredient that I — and everyone — had somehow missed?" (Simard 2021, 19) Those who engage with this particular "dialogue" may be able to identify lines of action that counteract the complex and multiple pressures to which trees and forests are subjected.

Animistic cosmologies are based on non-binary, relational ontologies and could contribute to a deeper understanding of the complex interrelationships among the different life forms of forests. While the established dichotomy between nature and culture has led to alienation between people with a Western understanding of nature and the non-human world, indigenous people may have a head start: "Traditional societies do not live in harmony with nature; they are unacquainted with it" (Latour 2004, 232). According to this, the forest acts according to a spiritual, guiding force that people can only understand in dreams or under the influence of mind-altering substances. The indigenous environmental activist Sônia Guajajara, who sees herself and her comrades-in-arms as direct mouthpieces for non-human actors, argues even more radically: "For us, the wind speaks, the animals speak, the water speaks, the earth screams, and we understand and interpret these signs. The indigenous struggle and the environmental struggle are one and the same" (James 2021). They understand their bodies and consciousness as constantly reconstituting results, parts, and components of "mother earth" so that they understand the defence of their fundamental rights as congruent with that of nature:

"Territory is the sacred place for life, existence, culture, and biodiversity. It is the place that sustains the body. The body that fights and goes to demonstrations to defend mother earth. It's also the body that anchors our spirit, this Indigenous spirit that is guided by ancestors who give us the courage to continue in the face of all the challenges imposed by the government and the system. We have no alternative. We defend nature as our mother who gives us food, medicine and protects our culture. For us, all of this is a natural relationship that makes us listen to everything our mother says." (James 2021)

Such statements contradict the usual knowledge of cognitive biology and behavioural science. Indigenous translators, too, can hardly assume that they absolutely understand the signs of the wind and the different voices of the animals - but they can interpret them more sensitively. Like all human beings, indigenous translators are parts of the earth and thus carry every influence on it ("we see ourselves as being the land itself"). However, what distinguishes them from people with a Western understanding of nature is their intuitive awareness of these roots in the 'natural' world and their conclusion that their voice corresponds to that of

'Mother Earth.' Sônia Guajajara understands her political agency not as being 'in tune' with planetary actors but as the political agency of the earth itself. When she speaks of "understanding and interpreting" non-human signs, she means that, according to her understanding, there is no distinction between understanding and interpretation at all. "For us, the wind speaks" is beyond the separation of nature and culture.

Against this background, two strands of discussion are now emerging that can lead to more enlightened forest governance: the hermeneutic approach, implied in formulas such as "living like a tree" or "thinking like a tree," which brings forth a more profound knowledge of the life of plants and inanimate matter and takes into account their agency, and the forest science approach of "rewilding " insofar as it integrates the needs of local people and aims at the autonomous regenerative capacity through this very agency of forest areas. Our case study of the Rosbach Forest transplanted to the Giessen Botanical Garden is intended to pave this way a little further.

Autor:innen
Authors

Liza B. Bauer

DE ist Wissenschaftliche Geschäftsführerin (interim) des Panel on Planetary Thinking an der Justus-Liebig-Universität Gießen. Ihr Forschungsschwerpunkt liegt in den Critical Animal Studies, insbesondere auf der Hinterfragung von Verhältnissen zwischen Menschen und sogenannten Nutztieren. Ihre 2022 erfolgreich verteidigte Dissertation, „Livestock in the Laboratory of Literature" untersucht das Imaginieren alternativer Formen des Zusammenlebens mit anderen Tieren in literarischen Gedankenexperimenten und ist für die Veröffentlichung 2024 unter Vertrag beim Palgrave Verlag. Sie beschäftigt sich des Weiteren damit, was Literatur im Hinblick auf das zum Ausdruck bringen planetarer Zusammenhänge leisten kann (oder nicht).

EN is scientific manager (interim) of the Panel on Planetary Thinking at the Justus Liebig University Giessen. Her research focuses on critical animal studies, particularly questioning the relationships between humans and so-called farmed animals. Her dissertation, "Livestock in the Laboratory of Literature," successfully defended in 2022, examines imaginaries of alternative forms of coexistence with other animals in literary thought experiments and is under contract with Palgrave for publication in 2024. She further explores what literature can (or cannot) do to express planetary relationships.

Clemens Finkelstein

DE ist Historiker und Theoretiker für Architektur, Wissenschaft, Technologie und Umwelt und finalisiert derzeit eine Ph.D. Dissertation mit dem Titel „Architectures of Vibration: Environmental Control, Seismic Colonialism, and the Frequency of Life" an der Princeton University. Diese untersucht die komplexe Beziehung der Architektur zum Medium der Vibration bei der Erkundung und Darstellung der Struktur und Geodynamik des Planeten um 1900. Seine Arbeit befasst sich mit der gebauten Umwelt und dem planetaren Denken an der Schnittstelle von digitaler Architektur, sensorischen Technologien und postkolonialem Weltenbau. Er hat ausgiebig als Pädagoge, Herausgeber und Kurator gearbeitet — zuvor an der Harvard University, der Princeton University und dem A+D Architecture and Design Museum in Los Angeles.

EN is a historian and theorist of architecture, science, technology, and the environment, currently completing a Ph.D. dissertation titled "Architectures of Vibration: Environmental Control, Seismic Colonialism, and the Frequency of Life" at Princeton University. The study examines architecture's complex relationship with the medium of vibration in deciphering and rendering the structure and geodynamics of the planet around 1900. His work engages the built environment and planetary thinking at the junction of digital architecture, sensory technologies, and post-colonial worldbuilding. He has worked extensively as an educator, editor, and curator — formerly at Harvard University, Princeton University, and the A+D Architecture and Design Museum in Los Angeles.

Frederic Hanusch

DE ist Mitbegründer und wissenschaftlicher Geschäftsführer des Panel on Planetary Thinking an der Justus-Liebig-Universität Gießen und Fellow des THE NEW INSTITUTE in Hamburg. Seine eigene Forschung dreht sich um die Schnittstellen von Demokratie und planetarem Wandel. In Kürze erscheint bei der Cambridge University Press sein Buch *The Politics of Deep Time*, das untersucht, wie planetare Zeitlichkeiten politisch institutionalisiert werden können. Zurzeit arbeitet Hanusch an dem Buchprojekt *The Planetary Condition*.

EN is co-founder and scientific manager of the Panel on Planetary Thinking at the Justus Liebig University Giessen and a fellow of THE NEW INSTITUTE in Hamburg.

His research revolves around the intersections of democracy and planetary change. His book *The Politics of Deep Time*, which explores how planetary temporalities can be politically institutionalized, is forthcoming with Cambridge University Press. Currently, he is working on a book project titled *The Planetary Condition*.

Claudia Hartl

DE ist begeisterte Dendrochronologin, Geographin und Ökologin mit fundiertem Hintergrund in der Klimatologie. Nach ihrem Studium der Geographie an der Universität Regensburg promovierte sie an der Technischen Universität München. In ihrer Doktorarbeit verwendete sie die Dendrochronologie, um die Reaktionen der wichtigsten Bergwaldbaumarten der Nördlichen Kalkalpen auf den Klimawandel zu untersuchen. Ihr Forschungsschwerpunkt liegt seither weiterhin auf Jahrringen und der Beantwortung einer Vielzahl historischer, klimatologischer und ökologischer Fragen auf verschiedenen raumzeitlichen Skalen. Dazu gehören zum Beispiel die Rekonstruktion des mitteleuropäischen Klimas des vergangenen Jahrtausends sowie die Untersuchung des aktuellen Baumsterbens direkt vor unserer Haustür.

EN is an enthusiastic dendrochronologist, geographer, and ecologist with a strong background in climatology. After studying Geography at the University of Regensburg, she received her Ph.D. from the Technical University of Munich. In her Ph.D. thesis, she used dendrochronology to investigate the response of the most important mountain forest tree species of the Northern Limestone Alps to climate change. Her research focus continued to be on tree rings and answering a wide variety of historical, climatological, and ecological questions on different spatiotemporal scales. This includes the reconstruction of the Central European climate of the past millennium as well as the investigation of the current tree mortality right on our doorstep.

Chiara Juriatti

DE ist eine Kunsthistorikerin und Editorin aus Wien. Sie hat ihren Bachelor in Kunstgeschichte und Germanistik an der Universität Graz absolviert und ihren Master in Zeitgenössischer Kunst in globalen Kontexten an der Universität Leiden abgeschlossen, wo sie als studentische Assistentin unter Dr. Ksenia Fedorova tätig war. Ihre Forschungsinteressen liegen im Bereich zeitgenössischer Kunst an der Schnittstelle von Technologie und Klimawandel. Seit 2023 arbeitet Juriatti als Universitätsassistentin und Doktorandin an der Katholischen Privatuniversität Linz und führt dort ihre Forschung zu "lebenden Wearables" durch. Darüber hinaus ist sie als Editorin im Bereich Film und Fotografie im Kunstbereich tätig und gehört dem Redaktionsteam des Archivo Papers Journals an.

EN is an art historian and editor based in Vienna. She completed her bachelor's in Art History and German Philology at the University of Graz and her master's in Contemporary Art in a Global Perspective at the University of Leiden, where she worked as a student assistant under Dr. Ksenia Fedorova. Her research interests lie in contemporary art at the threshold of technology and climate change. Since 2023, Juriatti has worked as a university assistant and Ph.D. candidate at the Catholic Private University Linz, researching living wearables. Furthermore, she acts as a text editor in the field of film and photography as well as part of the editorial team of the Archivo Papers Journal.

Mathias Kessler

DE ist ein in New York lebender Künstler, der sich mit unserer kollektiven Vorstellung von Natur auseinandersetzt, indem er natürliche Prozesse inszeniert, die dann unter dem Blickwinkel der Kunstgeschichte, der Philosophie und der ökopolitischen Debatte untersucht werden. Seine Arbeit wirkt wie ein Katalysator, der die Spannung zwischen menschlichen Eingriffen und unserem Wunsch nach authentischen Naturerlebnissen aufzeigt. Kessler zeigt die Auswirkungen auf, die Kapitalismus, Erinnerung, Fantasie und Sterblichkeit auf unser intrinsisches Verlangen haben, die natürliche Welt neu zu gestalten. Seine Bilder, computergenerierten Landschaften und Installationen gehen über die Fotografie hinaus und landen im Bereich der Abstraktion. Sie nehmen den Betrachter mit auf eine Reise durch die Dichotomien von Natur und Kultur, Darstellung und Erfahrung sowie Ideologie und Ästhetik.

EN is a New York-based artist who engages our collective idea of nature by staging natural processes that are then scrutinized under the lens of art history, philosophy, and eco-political debate. His work acts as a catalyst, revealing the tension between human interventions and our desire for authentic natural experiences. Kessler exposes the impacts that capitalism, memory, fantasy, and mortality have on our intrinsic desire to reshape the natural world. Rooted in a long photographic tradition, his images, computer-generated landscapes, and installations move beyond photography, landing in the field of abstraction, taking the viewer on a journey through the dichotomies of nature and culture, representation and experience, and ideology and aesthetics.

Holger Laake

DE ist seit 1995 Technischer Leiter am Botanischen Garten der Justus-Liebig-Universität Gießen und langjähriges Mitglied des JLU-Senats. Er ist gelernter Zierpflanzengärtner und hat ein Gartenbaustudium an der TFH Berlin absolviert. Beruflich war er außerdem in der Versuchsanstalt Geisenheim und beim Regierungspräsidium Karlsruhe tätig. Er ist bereits seit langer Zeit Vorstandsmitglied in der Arbeitsgemeinschaft der Technischen Leiter (AGTL) sowie im Verband Botanischer Gärten (VBG), welcher ihm 2019 die Zandermedaille verlieh.

EN has been the Technical Director at the Botanical Garden of the Justus Liebig University Giessen since 1995 and is a long-standing member of the JLU Senate. He is a trained ornamental plant horticulturist who completed a horticulture degree at TFH Berlin. He has worked professionally at the experimental institute in Geisenheim and the Karlsruhe Regional Council. He has been a longstanding board member of the Working Group of Technical Directors (AGTL) and the Association of Botanical Gardens (VBG), which awarded him the Zander Medal in 2019.

Claus Leggewie

DE ist Inhaber der Ludwig-Börne-Professur und Leiter des Panel on Planetary Thinking an der Justus-Liebig-Universität Gießen. Sein erstes Buch über politische Ökologie stammt aus dem Jahr 1978 und konzentriert sich auf die ökologische Bewegung in Frankreich. Seitdem schrieb er zahlreiche Veröffentlichungen über die Wechselbeziehungen zwischen Planet und Gesellschaft, die von der Energiewende über die Klimapolitik bis zum Anthropozän reichen. Von 2007 bis 2015 war Leggewie Direktor des Kulturwissenschaftlichen Instituts Essen (KWI), wo er den Forschungsbereich Klima und Kulturen als ersten seiner Art in Deutschland aufbaute. Von 2008 bis 2016 war er Mitglied des Wissenschaftlichen Beirats der Bundesregierung Globale Umweltveränderungen (WBGU).

EN is holder of the Ludwig Börne Professorship and director of the Panel on Planetary Thinking at the Justus Liebig University Giessen. His first book on political ecology dates from 1978 and focuses on the ecological movement in France. Since then, he has written numerous publications on the interrelationships between the planet and society, ranging from the energy transition to climate politics to the Anthropocene. From 2007 to 2015, Leggewie was director of the Institute for Advanced Study in the Humanities in Essen (KWI), where he set up the research area Climate and Cultures as the first of its kind in Germany. From 2008 to 2016, he was a member of the German Advisory Council on Global Change (WBGU).

Hannah Sakai

DE ist eine Grafikdesignerin (*1994 in Sapporo, Japan), die seit ihrem vierten Lebensjahr in Wien (Österreich) lebt. Aufgewachsen zwischen Kulturen und Sprachen, entwickelte sie ein Interesse für Typografie, Design und Raum. Ihre Arbeiten drehen sich um die Gestaltung von Büchern und Ausstellungen. Sie ist Absolventin (MA) des Werkplaats Typografie in Arnhem (NL).

EN is a graphic designer (*1994 in Sapporo, Japan) based in Vienna (Austria), where she grew up from the age of four. Between cultures and languages, she developed an interest in typography, design, and space. Her practice revolves around book and exhibition design. She graduated from the Werkplaats Typografie (MA), Arnhem (NL).

Volker Wissemann

DE ist seit 2007 Professor für Spezielle Botanik an der Justus-Liebig-Universität Gießen und der Wissenschaftliche Leiter des Botanischen Gartens und des Universitätsherbariums. Er ist gelernter Zierpflanzengärtner und hat Biologie, Agrarwissenschaften und Wissenschaftsgeschichte an der Georgia Augusta Göttingen studiert. 2006 hat er im Fach Spezielle Botanik habilitiert. Außerdem ist er seit 2014 Vorsitzender der Gießener Hochschulgesellschaft, korrespondierendes Mitglied der Akademie der Wissenschaften in Göttingen; und er erhielt 2010 den Exzellenzpreis für Lehre durch das Land Hessen.

EN has been a Professor of Systematic Botany at the Justus Liebig University Giessen since 2007 and is the Scientific Director of the Botanical Garden and the University Herbarium. He is a trained ornamental plant horticulturist who studied Biology, Agricultural Sciences, and History of Science at Georgia Augusta Göttingen. He completed his habilitation in the field of Systematic Botany in 2006. Additionally, he has been the Chairman of the Giessen University Society since 2014, a corresponding member of the Academy of Sciences in Göttingen, and he received the Excellence Award for Teaching from the State of Hesse in 2010.

Literaturverzeichnis
Bibliography

Alle Übersetzungen, wenn nicht anders vermerkt, sind die der Autor:innen / All translations are those of the authors, unless otherwise noted.

*Im Wald der Frequenzen / In the Forest of Frequencies
Eine andere Fassung des Textes wurde veröffentlicht als / Another version of this text was published as: Finkelstein, Clemens. 2022. "Vibrascapes: Contact Zones and Planetary Media." koozArch. https://www.koozarch.com/essays/vibrascapes.

* Planetare Waldpolitik / Planetary Forest Policy
Eine andere Fassung des Textes wurde veröffentlicht als / Another version of this text was published as: Bauer, Liza, Clemens Finkelstein, Frederic Hanusch, Claudia Hartl, Claus Leggewie, et al. 2022. "Das Planetarische Politisch(e) Denken." PVS Politische Vierteljahresschrift 63 (4): 703-728.

Abram, David. 2010. *Becoming animal: an earthly cosmology.* New York: Pantheon Books.

Arts, Bas. 2021. *Forest governance: Hydra or Chloris?* Cambridge: Cambridge University Press.

Büntgen, Ulf, Urban Otmar, J. Krusic Paul, Rybníček Michal, Kolář Tomáš, Kyncl Tomáš, Ač Alexander, et al. 2021. "Recent European drought extremes beyond Common Era background variability." *Nature Geoscience* 14 (4): 190-196.

Buras, Allan, Anja Rammig, Christian S. Zang. 2020. "Quantifying impacts of the 2018 drought on European ecosystems in comparison to 2003." *Biogeosciences* 17 (6): 1655-1672.

Carlowitz, Hans Carl von. 1713. *Sylvicultura oeconomica, oder haußwirthliche Nachricht und Naturmäßige Anweisung zur wilden Baum-Zucht.* Leipzig: Johann Friedrich Braun.

Díaz, Sandra, et al. 2018. "Assessing nature's contributions to people." *Science* 359 (6373): 270-272.

Rodríguez Fernández-Blanco, Carmen, Sarah L. Burns, Lukas Giessen. 2019. "Mapping the fragmentation of the international forest regime complex: institutional elements, conflicts, and synergies." *International Environmental Agreements* 19:187–205.

Fritts, Harold C. 1976. *Tree rings and climate.* London: Academic Press.

Hartl, Claudia, Scott St. George, Oliver Konter, Lorenz Harr, Denis Scholz, Andreas Kirchhefer, Jan Esper. 2019. "Warfare dendrochronology: trees witness the deployment of the German battleship *Tirpitz* in Norway." *Anthropocene* 27: 100212.

Himes, Austin, Barbara Muraca. 2018. "Relational values: the key to pluralistic valuation of ecosystem services." *Current Opinion in Environmental Sustainability* 35:1–7.

James, Chantal. 2021. "In conversation with two Indigenous women fighting for the future of the Amazon—and the planet." *Vogue* (13.12.). *https://www.vogue.com/article/sonia-guajajara-samela-satere-mawe-brazil-amazon-interview.*

Jemisin, N. K. 2017. *The stone sky.* New York: Orbit.

Kohn, Eduardo. 2013. *How forests think: toward an anthropology beyond the human.* Berkeley: University of California Press.

Latour, Bruno. 2004. *Politics of nature: how to bring the sciences into democracy.* Translated by Catherin Porter. Cambridge, MA: Harvard.

Latour, Bruno. 2017. *Facing Gaia: eight lectures on the new climatic regime.* Translated by Catherine Porter. Cambridge: Polity.

Liu, Cixin. 2015. *The dark forest.* Translated by Joel Martinsen. New York: Tor Books.

Marx, Karl. 1842. "Debatten über das Holzdiebstahlsgesetz." *Rheinische Zeitung* (298).

Powers, Richard. 2018. *The Overstory: a novel.* New York: W. W. Norton and Company.

Reinig, Frederick, Lukas Wacker, Olaf Jöris, Clive Oppenheimer, Giulia Guidobaldi, Daniel Nievergelt, Florian Adolphi, et al. 2021. "Precise date for the Laacher See eruption synchronizes the Younger Dryas." *Nature* 595 (7865): 66-69,69A-69M.

San-Miguel-Ayanz, Jesús, Daniele de Rigo, Giovanni Caudullo, Tracy Houston Durrant, Achille Mauri, eds. 2016. *European atlas of forest tree species.* Luxembourg: Publication Office of the European Union.

Schuldt, Bernhard, Allan Buras, Matthias Arend, Yann Vitasse, Carl Beierkuhnlein, Alexander Damm, et al. 2020. "A first assessment of the impact of the extreme 2018 summer drought on Central European forests." *Basic and Applied Ecology* 45: 86–103.

Seidl, Rupert, Mart-Jan Schelhaas, Werner Rammer, and Pieter Johannes Verkerk. 2014. "Increasing forest disturbances in Europe and their impact on carbon storage." *Nature Climate Change* 4 (9): 806-810.

Seidl, Rupert, Dominik Thom, Markus Kautz, Dario Martin-Benito, Mikko Peltoniemi, Giorgio Vacchiano, Jan Wild, et al. 2017. "Forest disturbances under climate change." *Nature Climate Change* 7 (6): 395-402.

Seidler, Paul, Paul Kolling, Max Hampshire. 2016. "terra0: Can an augmented forest own and utilise itself?" [white paper]. Berlin: University of the Arts.

Senf, Cornelius, Allan Buras, Christian S. Zang, Anja Rammig, Rupert Seidl. 2020. "Excess forest mortality is consistently linked to drought across Europe." *Nature Communications* 11 (1): 6200.

Simard, Suzanne. 2021. *Finding the mother tree: discovering the wisdom of the forest.* New York: Alfred A. Knopf.

Stone, Christopher D. 1974. *Should trees have standing? Toward legal rights for natural objects.* Los Altos: William Kaufman.

Tchaikovsky, Adrian. 2018. *Children of time.* New York: Orbit.

Wikstrom, Lindsey. 2023. *Designing the forest and other mass timber futures.* New York: Routledge.

Abbildungsverzeichnis
List of Illustrations

Alle Photographien, Filmstills, Zeichnungen, wenn nicht anders vermerkt / All photographs, filmstills, drawings, if not otherwise noted © Mathias Kessler.

Alle Umrisszeichnungen /
All outline drawings
© Christine Elsässer, 2023.

Photographie (Seite) /
Photography (page)
(10) (15) © Frederic Hanusch, 2023.
(16) © Clemens Finkelstein, 2023.

Wälder, Bäume und Baumringe /
Forests, Trees, and Tree Rings
Allle Abbildungen / All figures
© Claudia Hartl, 2023.

Im Wald der Frequenzen /
In the Forest of Frequencies
Allle Abbildungen / All figures
© Clemens Finkelstein, 2023.

Forest Walk 4
Alle Photographien / All photography
Aaron Erik Endres (IG: @_lindengasse)
© Planetary Forest, 2023.

Impressum
Imprint

Planetary Forest wurde aus den Mitteln des Hessischen Ministeriums für Wissenschaft und Kunst und im Rahmen der Förderlinie zum „Planetary Scholars and Artists in Residence Fellowship" Programm finanziert.

Planetary Forest was funded by the Hessian Ministry of Science and Art and within the framework of the "Planetary Scholars and Artists in Residence Fellowship" Program.

Autor:innen / Authors
Planetary Forest
(Clemens Finkelstein, Claudia Hartl, Mathias Kessler)

Herausgeber / Editors:
Clemens Finkelstein, Mathias Kessler

Lektorat / Copy Editing:
Meike Katharina Wiegand

Beiträge / Contributions: Liza B. Bauer, Clemens Finkelstein, Frederic Hanusch, Claudia Hartl, Chiara Juriatti, Mathias Kessler, Holger Laake, Claus Leggewie, Volker Wissemann

Graphic Design:
Hannah Sakai

Lithografie / Image Editing:
Mathias Kessler

Produktion / Production Management
Charlotte Riggert, DISTANZ Verlag

Gesamtherstellung / Printing and Binding
Druckhaus Sportflieger, Berlin

ISBN 978-3-95476-632-1
Printed in Germany

Erschienen im / Published by
DISTANZ Verlag
www.distanz.de